典型可燃粉尘热危险性分析

李　畅　苑春苗　孟凡一　李　刚　著

科学出版社
北京

内 容 简 介

本书在国内外粉尘爆炸事故统计分析的基础上，筛选了金属冶炼（煤粉制备系统部分）、木制品加工、金属制品加工、食品加工、塑料生产等行业领域的典型可燃粉尘进行了热危险性的重点阐述；基于热重及差热曲线，提供了上述可燃粉尘化学反应动力学参数、反应机理函数的详细分析数据；详细阐述了热环境、热表面、电火花、机械火花等粉尘爆炸常见点火源作用下，可燃堆积粉尘着火蔓延规律，以及堆积粉尘着火后作为点火源引发粉尘爆炸的危险性。

本书的目的是使读者对涉爆粉尘行业中典型可燃粉尘的危险性有系统和全面的认识，帮助读者辨识分析实际工业生产中可燃粉尘发生火灾爆炸的常见危险因素。本书可供从事粉体工业生产、能源动力、燃烧应用等领域的工程师阅读，也可作为高等院校安全工程相关专业教师和学生的参考书。

图书在版编目(CIP)数据

典型可燃粉尘热危险性分析/李畅等著. —北京：科学出版社，2022.11
ISBN 978-7-03-073257-6

Ⅰ. ①典… Ⅱ. ①李… Ⅲ. ①粉尘-防爆-研究 Ⅳ. ①X932

中国版本图书馆 CIP 数据核字(2022)第 173522 号

责任编辑：杨慎欣 张培静 / 责任校对：崔向琳
责任印制：吴兆东 / 封面设计：无极书装

科学出版社 出版
北京东黄城根北街 16 号
邮政编码：100717
http://www.sciencep.com
北京九州迅驰传媒文化有限公司 印刷
科学出版社发行 各地新华书店经销
*
2022 年 11 月第 一 版 开本：720×1000 1/16
2023 年 1 月第二次印刷 印张：12 1/2
字数：252 000
定价：99.00 元
（如有印装质量问题，我社负责调换）

前　　言

近年来我国粉尘爆炸事故时有发生。尤其自 2014 年 "8·2" 铝粉特别重大爆炸事故以来，我国将粉尘防爆专项整治工作提升到了前所未有的重视高度，国内外学者也对粉尘爆炸风险的辨识、分析和控制等热点问题开展了大量研究。然而，现阶段很难找到一本系统介绍涉爆粉尘行业典型可燃粉尘热危险性的学术著作，以有效进行可燃粉尘危险源及其火灾爆炸事故诱导性因素的辨识分析。本书的推出旨在普及粉尘爆炸预防控制的安全技术，为有效防范我国工贸行业粉尘爆炸重大安全风险、坚决遏制重特大粉尘事故发生提供研究基础。

书中内容主要源自作者研究团队近 5 年的学术研究成果，聚焦于典型可燃堆积粉尘的热着火及其作为点火源诱发粉尘爆炸的危险性。由于涉爆粉尘行业覆盖面广、粉尘物化特性差异大，本书仅选择了金属冶炼（煤粉制备系统部分）、木制品加工、金属制品加工、食品加工等涉爆粉尘行业领域中的典型可燃粉尘为例进行热危险性的阐述，希望涉爆粉尘行业监管部门及企业能从本书中获取相关粉尘的危险性信息。为增强通俗性及实用性，本书在内容选择上弱化了较为抽象的数学模型及数值计算等理论阐述，强化了可燃粉尘热危险性的系列实验分析结果与结论，以便帮助企业安全管理人员根据本书内容并结合企业实际情况开展粉尘爆炸风险的分级管控与隐患排查治理工作。

本书共 5 章。第 1 章是基础知识，第 2 章是微观分析，第 3～5 章是宏观规律。阐述次序是先讲各诱导性因素下可燃堆积粉尘的着火，然后着火后的火蔓延，最后是火蔓延过程引发火灾爆炸。总体上按可燃粉尘着火-火蔓延-火灾爆炸的逻辑链条递进展开。

第 1 章介绍粉尘爆炸相关的基本概念，以及与本书后面章节核心内容及阐述逻辑相关的基本思想，以便读者对本书内容在整体上有基本的认识。

第 2 章从可燃粉尘的热重及差热曲线着手,通过热分析手段从微观层面介绍煤粉、玉米淀粉、钛粉、木粉尘等的热重特征、化学反应的活化能、反应机理函数等动力学特性。

第 3 章以热环境、热表面、炽热颗粒、电火花、机械摩擦火花等粉尘爆炸的常见点火源作为可燃堆积粉尘着火的诱导性因素,系统介绍各诱导性因素引发可燃堆积粉尘着火的危险性,使读者对可燃粉尘危险源的辨识及其危险性分析有较为全面的认识。

第 4 章介绍可燃堆积粉尘在各诱导性因素作用下发生着火后,影响其火焰蔓延的因素及火蔓延的危险性,帮助读者实现可燃粉尘火灾的监测预警与控制。

第 5 章介绍处于火蔓延状态的可燃堆积粉尘作为点火源引发粉尘爆炸的危险性及其影响因素。

本书相关研究工作是在国家自然科学基金面上项目(51974189,51874070)、辽宁省自然科学基金项目(2020-KF-13-01)、中央高校基本科研业务费项目(N2101003,N2101042)、辽宁省兴辽英才计划青年拔尖人才项目(XLYC2007089)和高水平创新创业团队项目(XLYC1908032)、北京理工大学爆炸科学与技术国家重点实验室开放基金项目(KFJJ22-19M)、国家留学基金委公派访问学者项目(202008210136)、山东科技大学省部共建矿山岩层智能控制与绿色开采国家重点实验室培育基地开放课题基金(SICGM202205)等资助下进行的。在本书撰写过程中作者得到了中煤科工集团沈阳研究院有限公司梁运涛研究员、田富超博士的技术指导和大力支持,沈阳建筑大学研究生武丹丹、于双齐和东北大学研究生蔡景治、董哲仁、卜亚杰等做了大量的文献调研及文字整理工作,作者参考和借鉴了蔡景治等研究生的研究成果,以及其他国内外专家学者的相关文献资料,在此一并深表谢意。

由于作者水平有限,书中不足之处在所难免,敬请读者批评指正。

李　畅　苑春苗　孟凡一　李　刚

2022 年 2 月

目　　录

第1章 绪 论

1.1 粉尘爆炸事故的危害

世界上第一次有记录的粉尘爆炸事故发生在 1785 年 12 月意大利都灵（Turin）的一个面包作坊。尽管粉尘爆炸防护理论与技术的研究已经历了 100 多年，但随着近代工业中可燃粉体的多样化、生产工艺的复杂化，粉尘爆炸事故仍然是目前较为严峻的现实威胁[1,2]。以发达国家美国为例（图 1.1），1980～2005 年的粉尘爆炸事故基本呈上升趋势，共发生了 280 起粉尘引起的火灾爆炸事故，共造成 119 人死亡、700 人受伤[2]。根据表 1.1 所示的事故统计结果，我国的各类可燃粉尘爆炸事故也时有发生[3]。仅 2014 年一年公开报道的导致伤亡的粉尘爆炸事故就发生了 7 起，其中昆山中荣金属制品有限公司重大铝粉爆炸事故，造成 75 人死亡，185 人受伤，直接经济损失达 3.51 亿元[4]。图 1.2 总结了中国和美国常见涉爆粉尘的粉尘爆炸事故比例，其中金属、木材、食品、塑料粉尘造成粉尘爆炸事故比例的总和超过粉尘爆炸事故总数的一半。

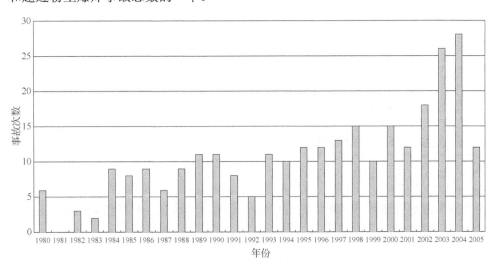

图 1.1　美国 1980～2005 年粉尘爆炸事故次数

表 1.1　我国 20 世纪 80 年代粉尘爆炸事故发生频率及伤亡人数[3]

粉尘种类	次数	事故所占比例/%	死伤人数	死	伤
金属	44	21.15	155	35	120
农产品	40	19.23	113	16	97
有机物化学药品	37	17.79	71	9	62
合成物	31	14.90	51	5	46
无机物	27	12.98	37	9	28
纤维类	17	8.17	70	5	65
煤	12	5.77	45	7	38
总计	208	100	542	86	456

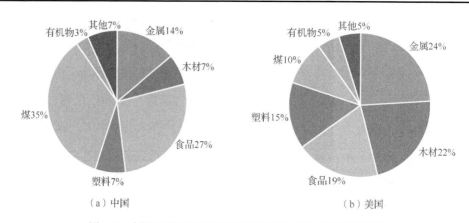

（a）中国　　　　　　　　　　　（b）美国

图 1.2　中国和美国常见涉爆粉尘的粉尘爆炸事故比例分布

1.2　粉尘爆炸风险的复杂性

1.2.1　粉尘爆炸与气体爆炸的差异

粉尘爆炸是一个极其复杂的过程，它伴随着物理性质、化学性质的变化，同时也受各种外界条件的影响。与可燃气体相比，可燃粉尘爆炸涉及的因素更多，使得粉尘爆炸事故危险源的辨识、评价与控制更为困难[5]，导致粉尘爆炸事故频发。与可燃气体相比，可燃粉尘爆炸的复杂性主要体现在以下几个方面。

1. 形成爆炸性混合物的机制不同

可燃气体通过浓度梯度向空间扩散,在很短时间内可形成均匀的爆炸性混合物。由于重力沉降作用,可燃粉尘颗粒需要借助外部作用力才能分散成云状,形成爆炸性混合物。粉尘分散程度与多种因素有关,如粒径、密度、工艺条件等,通常粉尘在空间的浓度分布是不均匀的,很难通过局部点的粉尘浓度预警来预防粉尘爆炸的发生。因此,粉尘爆炸的危险具有隐蔽性。气体爆炸一般可以通过监控浓度进行事故预警,而粉尘爆炸一般很难通过粉尘浓度监测进行事故预警。

2. 点燃需要的能量和引燃诱导时间不同

可燃粉尘点燃能量的范围很大,可在 1mJ～105J 范围内变化。大部分可燃性粉尘的点燃能量小于 100mJ。气体点燃能量相对较低,通常小于 1mJ,着火诱导时间相对于可燃粉尘较短。

3. 粉尘爆炸能量大且有二次爆炸特性

粉尘与空气混合物的能量密度比气体空气混合物大。粉尘颗粒着火后,燃烧速度慢、燃尽时间长。粉尘云一旦点燃后,爆炸产生的能量很高。若按产生能量的最高值进行比较,粉尘爆炸是气体爆炸的好几倍,温度可达 3000℃,最大爆炸压力在 300kPa 以上。初始爆炸产生的冲击波可扬起生产环境中大量沉积的未燃粉尘,使其悬浮补充到当前的爆炸进程中,引发更猛烈的二次爆炸。

4. 烧伤程度不同

与可燃气体不同,由于粉尘爆炸持续时间短、颗粒燃尽时间长,常存在未燃尽的炽热着火颗粒,导致更严重的烧伤。例如,碳不完全燃烧产生一氧化碳,塑料、树脂、农药等燃烧产物或分解产物中含有有毒气体。昆山"8·2"抛光铝粉爆炸事故中,现场共收治伤者 191 人,大部分伤者的烧伤面积超过 90%,伤势最轻的烧伤面积也要超过了 50%,几乎所有人都是深度烧伤。

1.2.2 粉尘爆炸发生的条件

可燃粉尘通常呈粉尘层、粉尘云两种状态，分别对应粉尘层火灾和粉尘云爆炸两种事故后果，具体如图 1.3 所示。从图中可以看出，粉尘发生爆炸须具备以下五个条件[6]。

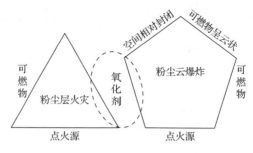

图 1.3　火灾三角形与爆炸五边形

1. 可燃粉尘

粉尘是可燃的，且粉尘浓度要在爆炸范围内。浓度太低，粉尘颗粒间距离过大，火焰不能持续传播；粉尘浓度太高，因为氧气缺乏和尚未参与反应粉尘的吸热作用，火焰也不能持续传播。可燃粉尘的氧化反应需要一定的接触面积，即比表面积。粉尘粒径越小，比表面积越大，一般粉尘的粒径在 420μm 以下才具备爆炸性。

2. 足够的氧含量

一定氧含量是粉尘燃烧的基础，当空气中的氧含量减少到一定浓度时，粉尘氧化反应速率太低，放热速率不足以维持火焰持续传播。

3. 点火源

粉尘云发生爆炸需要点火源的存在，且点火源具有足够的能量，如静电火花的能量大于粉尘云的最小点火能，高热表面的温度超过粉尘云的着火温度等。在一定散热条件下，粉尘必须具有足够的氧化放热速率才可能着火，不同种类粉尘的热力学常数和化学反应动力学常数不同，氧化反应放热速率也不同。不论何种粉尘，提高温度通常有利于反应速率增加。粉尘点燃的常见火源包括：热表面、电火花、静电和粉尘自热等。

4. 粉尘与空气混合

只有粉尘与空气混合处于悬浮粉尘云状态，才能使粉尘与氧气有足够的氧化反应接触面积。如果粉尘层不被扬起分散或扰动形成粉尘云，则粉尘层只能着火发生火灾，而不会发生爆炸。

5. 足够的空间密闭程度

必须在密闭或部分密闭的包围体内粉尘燃烧才能产生较高的压力。

1.2.3 粉尘爆炸的影响因素

可燃性粉尘的着火敏感度及爆炸猛度受各种因素的影响，具体如下。

1. 粉体性质

粉体性质包括物理性质和化学性质两个方面，物理性质是指粉尘粒度、形状、表面致密度或多孔性等特性；化学性质受化学组成等因素影响，粉尘化学组成不同，燃烧热、表面燃烧速率也不同。

1）物理性质

粉体粒径、形状和表面状况等都会影响颗粒表面反应速率，其中又以粒径的影响较为显著。粒径影响主要表现在粉尘爆炸指数方面。一方面，颗粒比表面积及其与氧气的接触面积随粉尘粒径增大而减小，颗粒表面燃烧放热速率随之减慢；另一方面，颗粒与周围气体对流换热速率随粒径增大而减慢，导致粉尘颗粒点火延迟时间增长。

2）化学性质

化学性质包括反应放热及反应动力学性质。燃烧热是燃烧单位质量的可燃粉体所产生的热量。燃烧热越大，粉尘爆炸通常越猛烈。因此，根据粉体燃烧热值大小，可粗略预测粉尘爆炸猛烈程度。不同粉体的反应机理和反应动力学性质不同，如指前因子和活化能等。指前因子值越大，反应速率愈快；活化能越大，反应愈难进行，粉体愈稳定。反应放热量与反应动力学参数共同决定了粉体物质的化学反应放热速率。

2. 粉尘云特征

1）粉尘浓度

粉尘爆炸指数随粉尘浓度增大而增大，当浓度增大到某一值，即最佳爆炸浓度后，粉尘爆炸指数则又随浓度增大而下降。这主要是因为当粉尘浓度小于最佳爆炸浓度时，燃烧过程放热速率及放热量随粉尘浓度增大而增加，粉尘爆炸指数随粉尘浓度增大而增大；当粉尘浓度超过最佳爆炸浓度后，氧含量不足，导致颗粒表面燃烧速度减慢，粉尘燃烧不完全，粉尘爆炸指数随粉尘浓度增大而下降。

2）氧含量

粉尘爆炸指数随氧含量减小而降低。粉尘云中氧含量降低，爆炸下限增大，爆炸上限减小，可爆浓度范围变窄，最小点火能（minimum ignition energy，MIE）增大。这主要是因为随着氧含量减小，一方面，颗粒之间因供氧不足而出现争夺氧气的情况，使已燃颗粒表面燃烧速率及放热速率减慢，导致粒径较大的颗粒不能完全燃烧；另一方面，未燃粉尘颗粒因升温较慢而变得愈加难以被点燃，甚至不能发生着火。

3）粉尘湿度

增大粉尘湿度，不仅会消耗更多的点火能量，使粉尘活性降低，同时还会使粉体颗粒凝聚并变大。因此，粉尘湿度的增大会导致着火敏感度和爆炸猛度的降低，即着火温度、最小点火能和爆炸下限都会升高，而粉尘爆炸指数则下降。

4）初始湍流

粉尘云湍流度增大，可增大已燃和未燃粉尘之间的接触面积，致使反应速度加快，最大压力上升速率增大；另外，湍流度增大又会使热损失加快，使最小点火能增大。

5）粉尘分散状态

一般说来，粉尘浓度只是一种理论平均值，在绝大多数情况下，容器中粉尘浓度分布并不均匀，理论平均浓度往往低于某区域内粉尘的实际浓度。

3. 外界条件

1）初始压力

粉尘爆炸指数与初始压力呈正比关系，最佳爆炸浓度与初始压力也大致呈正比关系。

2）初始温度

一般来说，粉尘爆炸指数随初始温度升高而减小，粉尘燃烧速率则随初始温度升高而增大。

3）点火源

在容积小于 1m³ 爆炸容器内，粉尘爆炸指数随点火能量增加而增大，但这种影响在大尺寸容器中并不显著。当点火源位于包围体几何中心或管道封闭端时，爆炸最猛烈。当爆炸火焰通过管道传播到另一包围体时，则会成为后者的强点火源。

4）包围体形状及尺寸

包围体形状一般分为长径比（length/diameter，L/D）小于 5 和大于 5 两类。对于大长径比包围体，火焰前沿湍流对未燃粉尘云的扰动致使火焰传播发生加速。在一定管径条件下，如果管道足够长，管内爆燃甚至有可能发展成为爆轰。

1.3　粉尘爆炸事故的常见点火源

点火源是引发粉尘爆炸的基本要素。根据全球 1785～2012 年 2000 多起粉尘爆炸事故统计[7]，各类常见点火源引发粉尘爆炸的事故占比如图 1.4 所示。具体事故列表见附录。图 1.4 中火焰和直接热是导致粉尘爆炸最多的点火源类型，占事故总量的 22%，较多来自灯具、粉尘火灾或生产中加热失控（如干燥过程）。机械故障等引发摩擦或冲击火花引发事故占比仅次于明火和直接热。其他频率较高的点火源包括自热（含阴燃）、电火花、热加工、静电和热表面。各类生产行业中存在各类点火源的比例如图 1.5 所示。

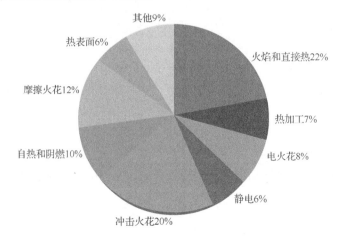

图 1.4　常见点火源引发粉尘爆炸的事故占比

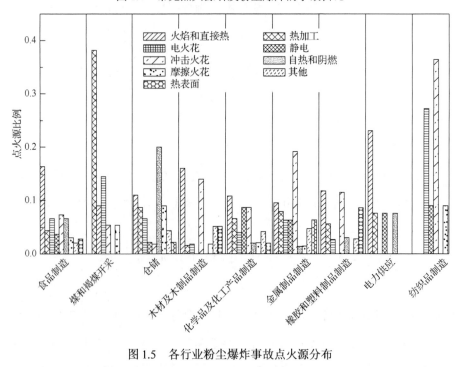

图 1.5　各行业粉尘爆炸事故点火源分布

需要指出的是《爆炸性环境　爆炸预防和防护　第 1 部分：基本原则和方法》

（GB/T 25285.1—2021）中共列出 13 种引发粉尘爆炸的点火源类型，本书主要讨论上述常见点火源直接引发的粉尘层火灾和粉尘云爆炸，以及粉尘层火灾时内部的着火颗粒引发的粉尘爆炸。例如，热表面可以直接引燃粉尘云爆炸，也可能首先点燃沉积在热表面上的堆积粉尘，使其成为点燃粉尘云的点火源。可燃粉尘的着火温度分为两种，即粉尘层的着火温度和粉尘云的着火温度，其中粉尘云的着火温度可以在 G-G 炉（Godbert-Greenwald 炉）内测试获得。根据表 1.2 中粉尘层的着火温度和粉尘云的着火温度的差异，可以得出堆积状态的可燃粉尘层，更易在较低热表面作用下发生着火，即着火所需热表面温度远低于可燃粉尘云或表 1.3 中可燃气体的着火温度。因此，在实际工业生产中，不能直接引燃粉尘云的热表面等各类热源很有可能首先引燃堆积的可燃粉尘，导致堆积粉尘阴燃或明焰燃烧，成为粉尘爆炸的强火源。据统计，层着火过程产生的明火、高温颗粒等炽热火源是粉尘爆炸事故的常见诱因，引发粉尘爆炸事故占比达 30%[8,9]。

表 1.2　常见可燃粉尘的着火温度

粉尘	粉尘云的着火温度/℃（G-G 炉）	粉尘层的着火温度/℃
木粉	500	320
玉米淀粉	520	440
褐煤粉	420	230
油页岩粉	520	290
橡胶粉	500	230
镁粉	470	340

表 1.3　常见可燃气体的着火温度

可燃气体	着火温度/℃
氢	530
甲烷	545
乙烷	530
丙烷	510
丁烷	490
乙烯	540
一氧化碳	610

1.4　主要内容

　　本书首先考虑常见工业涉爆粉尘的物化特性差异，通过热分析等手段对粉尘的热解燃烧现象及其化学反应动力过程进行了详细阐述。之后详述了在火焰和直接热（如热环境）、热表面、热加工（如炽热颗粒）、静电、电火花、摩擦火花等工业常见点火源作用下，上述可燃粉尘的着火特性。然后进一步分析了可燃粉尘被引燃着火后的火蔓延现象、加剧火蔓延的影响因素等。最后阐述了堆积粉尘着火后作为点火源，对可燃粉尘云的引燃能力。

参 考 文 献

[1] Joseph G. Combustible dusts: A serious industrial hazard[J]. Journal of Hazardous Materials, 2007, 142(3): 589-591.

[2] Angela S B. Dust explosion incidents and regulations in the United States[J]. Journal of Loss Prevention in the Process Industries, 2007, 20(7): 523- 529.

[3] 张超光, 蒋军成, 郑志琴. 粉尘爆炸事故模式及其预防研究[J]. 中国安全科学学报, 2005, 15(6): 47-57.

[4] 飞外网. 国务院处理江苏昆山中荣金属公司 "8·2" 爆炸事故. [2021-08-23]. http://www.feedwhy. com/shizhengzixun/2713854.html.

[5] Dobashi R. Studies on accidental gas and dust explosions[J]. Fire Safety Journal, 2017, 91(2): 21-27.

[6] Proust C, Accorsi A, Dupont L. Measuring the violence of dust explosions with the "20 l sphere" and with the standard "ISO 1 m^3 vessel": Systematic comparison and analysis of the discrepancies[J]. Journal of Loss Prevention in the Process Industries, 2007, 20(4-6): 599-606.

[7] Myers T J, Ibarreta A F. Tutorial on combustible dust[J]. Process Safety Progress, 2013, 32(3): 298-306.

[8] Yuan Z, Khakzad N, Khan F, et al. Dust explosions: A threat to the process industries[J]. Process Safefy and Environmental Protection, 2015, 98: 57-71.

[9] Gummer J, Lunn G A. Ignitions of explosive dust clouds by smouldering and flaming agglomerates[J]. Journal of Loss Prevention in the Process Industries, 2003, 16(1): 27-32.

第2章 典型可燃粉尘的化学反应动力学

2.1 煤粉的化学反应动力学

煤是一种复杂的有机物和无机物混合而成的岩体，是一种重要的燃料和化工原料。我国目前对于煤的利用有以下两个问题：

（1）煤在开采、运输和加工过程中易发生自燃，不仅造成资源浪费，也易造成环境的污染，甚至会造成较大伤亡事故。

（2）煤粉燃烧是我国主要的能源供给方式之一，但我国煤粉的燃烧效率不高，还会排放许多有害气体。

煤粉的反应动力学可从物质的物化特性角度，助力上述生产安全及能源高效利用问题的解决。本章将以褐煤、无烟煤、烟煤三种典型煤粉为例，利用 STA-449C 同步热分析仪中获得的热重及差热曲线，阐述煤粉颗粒在空气气氛下着火燃烧及氮气气氛下热解的化学动力学规律。热重及差热曲线的温度条件是从室温加热到 800℃，升温速率包括 5K/min、10K/min、15K/min 和 20K/min。

2.1.1 煤粉的热反应机理

1. 空气气氛下煤粉颗粒的化学反应

图 2.1 为升温速率 β 为 10K/min 时，褐煤于空气气氛下的 TG/DTG 曲线。由该图可以看出，该曲线大致可分为五个阶段。

（1）25～150℃为第一阶段。该阶段由于褐煤样品中混有少量水分及其他杂质，温度升高导致外在与内在水分蒸发、杂质分解而出现失重现象，在热重（thermogravimetry，TG）曲线上表现为质量降低，出现轻微的失重现象，样品质量降低到初始时的 91.5%；在微商热重分析（derivative thermogravimetry，DTG）曲线上显示出一个较小的失重峰。

（2）150～260℃为第二阶段。该阶段温度尚未达到褐煤的热解温度，只有极少部分的样品分解，同时伴有吸气增重，TG 曲线没有明显的质量变化；DTG 曲线有微量变化，但是范围不大，数值几乎为零。

（3）260～480℃为第三阶段。该阶段温度达到了样品的着火温度，样品被点燃而失重，在 TG 曲线上表现为明显的质量降低，样品质量降低到初始时的 17.3%；DTG 曲线上显示出一个很大的失重峰。

（4）480～600℃为第四阶段。该阶段褐煤的燃烧过程中发生了极少量的碳化，焦炭的缓慢燃烧使得该温度区间 TG 曲线中质量缓慢降低[1,2]，样品质量降低到初始时的 11%。DTG 曲线出现较小的失重峰。

（5）600℃之后为第五阶段。该阶段样品几乎被烧尽，仅剩下不反应的灰分杂质，TG 曲线没有太大质量变化，DTG 曲线数值也几乎为零。

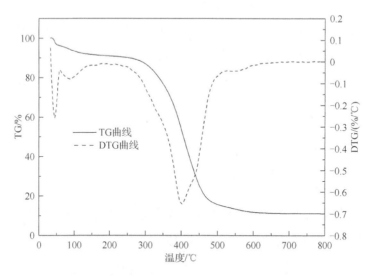

图 2.1　空气气氛下褐煤 TG/DTG 曲线（$\beta = 10\text{K/min}$）

升温速率为 $\beta = 10\text{K/min}$ 时，无烟煤、烟煤在空气气氛下燃烧的 TG/DTG 曲线如图 2.2 所示，曲线走势大致与褐煤相同，只是不同阶段的温度区间不同，具体如表 2.1 所示。

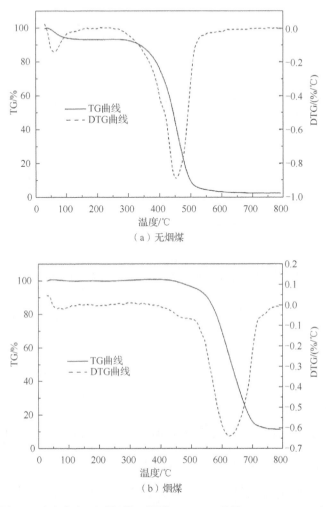

（a）无烟煤

（b）烟煤

图 2.2　空气气氛下无烟煤、烟煤 TG/DTG 曲线（$\beta=10K/min$）

表 2.1　空气气氛下煤粉 TG 曲线中各阶段的温度区间　　　单位：℃

煤样	第一阶段	第二阶段	第三阶段	第四阶段	第五阶段
褐煤	25～150	150～260	260～480	480～600	>600
无烟煤	25～130	130～420	420～550	550～710	>710
烟煤	25～130	130～300	300～530	—	>530

2. 氮气气氛下煤粉颗粒的化学反应

图 2.3 为升温速率为 10K/min 时，褐煤于氮气气氛下的 TG/DTG 曲线。由该图可以看出，该曲线大致可分为四个阶段。

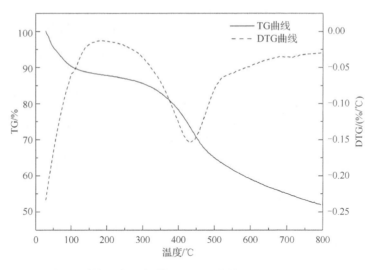

图 2.3　氮气气氛下褐煤 TG/DTG 曲线（ $\beta = 10K/min$ ）

（1）25～160℃为第一阶段。由于褐煤样品中混有少量水分及其他杂质，温度升高将导致煤粉颗粒外在及内在水分蒸发、杂质分解等。此阶段 TG 曲线出现了轻微的失重现象，样品质量降低到初始时的 88.3%；DTG 曲线表现为由一个较大速率逐渐降低为零。

（2）160～300℃为第二阶段。随着温度的升高，煤粉的大分子网络结构发生断裂，部分煤粉缓慢分解，且分解速度比气体吸收的速度要快，在 TG 曲线上表现为质量缓慢地降低，样品质量降低到初始时的 85.5%；DTG 曲线表现为由零缓慢增大。

（3）300～500℃为第三阶段。温度达到一定值后褐煤开始热解，以解聚和分解反应为主，形成半焦，在 TG 曲线上表现为明显的失重现象，样品质量降低到初始时的 64.9%[3]；DTG 曲线表现为出现一个较大的失重峰。

（4）500℃之后为第四阶段。该高温阶段褐煤的分解以缩聚反应为主，半焦变成焦炭，在 TG 曲线上表现为质量降低，但失重程度较第三阶段有所缓和，样品质量降低到初始时的 51.8% [4,5]；DTG 曲线表现为以一定速率慢慢减小。

根据以上氮气气氛下的煤粉热解阶段特征，热解过程主要包含两大部分：

（1）达到热解初始温度后煤粉开始热解，以解聚和分解反应为主，形成半焦。

（2）形成半焦后温度进一步上升，煤粉热解以缩聚反应为主变成焦炭。

烟煤、无烟煤在氮气气氛下热解的 TG/DTG 曲线如图 2.4 所示，趋势与褐煤基本相同，只是不同热解阶段的温度区间不同，如表 2.2 所示。

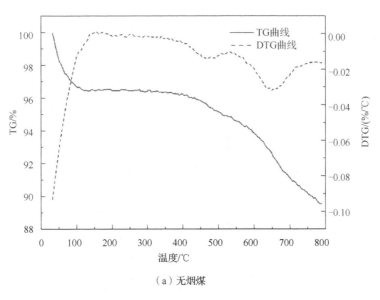

（a）无烟煤

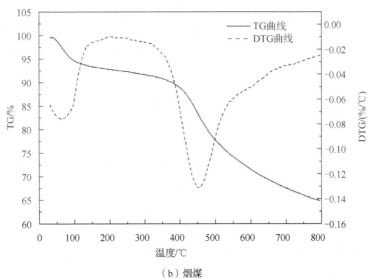

（b）烟煤

图 2.4　氮气气氛下无烟煤、烟煤 TG/DTG 曲线（ $\beta = 10\text{K/min}$ ）

表 2.2　氮气气氛下三种煤样不同热解阶段的温度区间　　　　单位：℃

煤样	第一阶段	第二阶段	第三阶段	第四阶段
褐煤	25~160	160~300	300~500	>500
无烟煤	25~130	130~420	>420	—
烟煤	25~130	130~320	320~545	>545

3. 空气与氮气气氛下煤粉 TG 曲线差异分析

以 10K/min 升温速率下褐煤、无烟煤、烟煤的 TG 曲线为例，对比分析煤粉颗粒在空气和氮气气氛中的热重差异。

根据图 2.5~图 2.7 中三种煤粉在空气、氮气气氛下的质量变化特征，可以得出如下结论。

（1）第一阶段：该阶段无论煤粉处于何种气氛，均发生因水分蒸发、杂质分解而导致的失重现象。空气气氛下褐煤质量降低到初始时的 91.5%，氮气气氛下质量降低到初始时的 88.3%；空气气氛下无烟煤质量降低到初始时的 97%，氮气气氛下质量降低到初始时的 96.5%；空气气氛下烟煤质量降低到初始时的 93.3%，氮气气氛下质量降低到初始时的 92.8%。空气气氛下三种煤粉的失重均略小于在氮气气氛下的失重，说明煤粉对于空气的吸气程度大于对于氮气的吸气程度。

（2）第二阶段：在空气气氛下，褐煤和烟煤没有表现出明显的失重，无烟煤的失重有略微的上升；在氮气气氛下，褐煤和烟煤的质量有明显的降低，无烟煤的失重没有明显的变化。该阶段气氛温度尚未达到煤粉氧化或热解的起始反应温度，但温度的升高促使了极少部分样品分解导致质量降低。两种气氛下的失重差异主要体现为吸气程度不同，煤粉在氮气气氛下的吸气程度低于空气，失重更为明显。对于无烟煤，由于起始反应温度较高，样品分解较少，吸收空气后出现质量增加。

（3）第三阶段：此阶段三种煤粉在空气、氮气气氛下中质量变化趋势因反应机制不同差异较大。煤粉在空气气氛下发生的主要是燃烧反应，在氮气气氛下则主要是热解反应。三种煤粉在两种气氛下的反应起始温度比较相近，褐煤和烟煤相差不到20℃，无烟煤在两种气氛下的反应起始温度几乎是相同的。

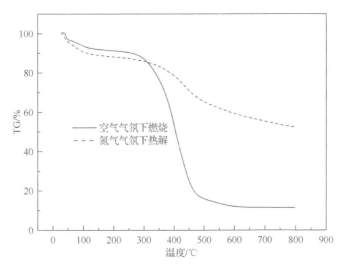

图 2.5　褐煤在空气、氮气气氛下的 TG 曲线（$\beta = 10$K/min）

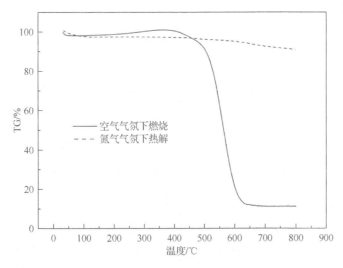

图 2.6　无烟煤在空气、氮气气氛下的 TG 曲线（$\beta = 10$K/min）

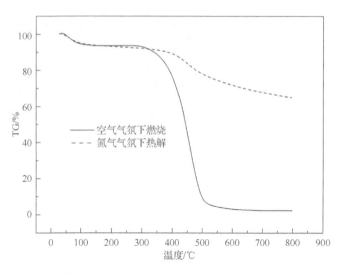

图 2.7　烟煤在空气、氮气气氛下的 TG 曲线（$\beta = 10\text{K/min}$）

4. 基于热重及差热曲线的煤粉燃烧特性分析

差示扫描量热法（differential scanning calorimetry，DSC）是一种热分析方法。该方法是在程序控制温度下，测量输入到样品和参比物的功率差与温度的关系。差示扫描量热仪记录到的曲线称 DSC 曲线，它以样品吸热或放热的速率，即热流率 $\text{d}H/\text{d}t$（单位：mJ/s）为纵坐标，以温度 T 或时间 t 为横坐标，可以测量多种热力学和动力学参数，例如反应热等。根据褐煤、无烟煤、烟煤在空气气氛下的 TG-DSC 曲线，不仅可获得煤粉颗粒燃烧反应的起始着火温度、峰值温度和单位质量煤粉的放热量，同时也可计算得到化学反应动力学参数等燃烧特性的表征参数。

起始着火温度通常采用 TG-DTG 法来确定。如图 2.8 所示的 DTG 曲线上，过峰值点 A 作垂线与 TG 曲线交于一点 B，过 B 点作 TG 曲线的切线，切线与失重开始时水平线的交点 C 所对应的温度定义为起始着火温度[6]。以图 2.9 中褐煤在 10K/min 升温速率下的 DTG 曲线为例，利用上述方法可得到起始着火温度为 341.4℃。峰值温度为图 2.9 中 DTG 曲线极值点对应的温度，即 400.85℃。

单位质量煤粉的放热量通常通过空气气氛下煤粉的 DSC 曲线确定。以图 2.10 中褐煤在 10K/min 升温速率下的 DSC 曲线为例，整个过程中曲线整体是一个波谷的形状，即放热状态。整个波谷的面积为单位质量的放热功率与时间的积分，即为单位质量煤粉的放热量，单位是 mW/mg[7]。

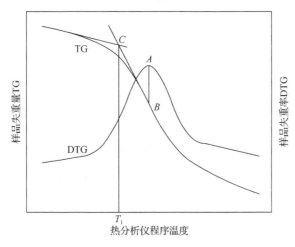

图 2.8　TG-DTG 法确定着火温度图

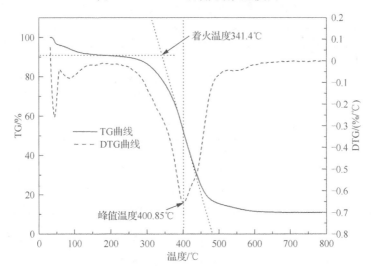

图 2.9　褐煤燃烧特性判断曲线

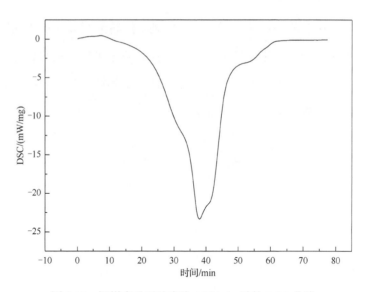

图 2.10 褐煤在升温速率为 10K/min 时的 DSC 曲线

根据上述方法，可以得到褐煤、无烟煤、烟煤在空气气氛下不同升温速率时的着火温度、峰值温度以及单位质量的放热量，如表 2.3 如示。

表 2.3 不同升温速率下煤粉的着火温度、峰值温度以及单位质量的放热量

煤样	升温速率/(K/min)	着火温度/℃	峰值温度/℃	单位质量的放热量/(J/g)
	5	334.8	392.0	24769.2
	10	341.4	400.9	21657.6
褐煤	15	346.3	416.5	23439.0
	20	347.6	432.5	22309.2
	平均值	342.5	410.5	23043.8
	5	508.9	555.2	26749.8
	10	533.0	593.4	24921.6
无烟煤	15	541.8	614.0	25470.6
	20	554.4	625.7	25607.4
	平均值	534.5	597.1	25687.4
	5	385.8	435.0	24027.0
	10	395.6	453.3	24868.8
烟煤	15	396.7	459.6	24442.8
	20	399.5	477.5	25446.6
	平均值	394.4	456.4	24696.3

根据表 2.3 如示的测试分析结果，可以获得如下结论：

（1）无论何种煤粉，热分析升温速率的增加，均可使反应体系达到同一温度时积累的热量减少，导致起始着火温度和峰值温度值增加，但对于放热量并没有表现出明显的影响规律[2,8-10]。

（2）起始着火温度和峰值温度越低，发生燃烧反应所需的环境温度越低，越容易发生燃烧。以表 2.3 中测试结果为例，褐煤易燃程度最高，其次为烟煤和无烟煤。

（3）三种煤粉的单位质量放热量不同，无烟煤的放热量最大，其次为烟煤和褐煤。

（4）根据煤粉 TG 曲线中各煤粉颗粒残余质量分数，可推断各实验煤粉的可燃组分质量分数。以表 2.3 中测试结果为例，烟煤的质量分数降低到了 4.1%，褐煤和无烟煤分别为 11% 和 13.2%，即三种煤粉中烟煤的挥发分与固定碳等可燃组分质量分数更高。

2.1.2　煤粉化学反应动力学参数

1. 煤粉燃烧的动力学参数确定

化学反应动力学参数确定方法有很多,常用的方法包括 KAS（Kissinger-Akahira-Sunose）法、Ozawa 法、Friedman-Reich-Levi 法和 Coats-Redfern 积分法,上述方法分别对化学反应速率表达式（即阿伦尼乌斯公式）采用了不同的假设处理[11]。

1）基于 KAS 法的活化能计算

KAS 方程：

$$\ln\left(\frac{\beta}{T^2}\right) = \ln\left(\frac{AR}{E_a \cdot g(\alpha)}\right) - \frac{E_a}{RT} \tag{2.1}$$

式中，β 为升温速率（K/min）；T 为温度；A 为指前因子；E_a 为活化能；R 为气体常数；α 为增重过程中质量转化率；$g(\alpha)$ 为反应机理函数。

上述 KAS 方程中，对于指定的转化率 α，$\ln(\beta/T^2)$ 与 $1/T$ 存在线性关系。通过最小二乘法拟合直线的斜率，可获得指定转化率对应的活化能 E_a。具体确定步骤说明如下：

（1）选取待分析的反应温度区间。考虑到不同升温速率下增、失重阶段有所差异，这里选取整个升温区间室温 0～1000℃内的数据进行计算分析。

（2）根据某升温速率 TG 曲线中样品的初始质量 m_0、终末质量 m_f 以及某温度时刻质量 m_t，确定上述温度区间中转化率 $\alpha = \dfrac{m_t - m_0}{m_f - m_0}$ 与温度的函数关系。

（3）根据升温速率 β 下转化率与温度的函数关系，确定 0.1～0.9 等指定转化率 α 对应的温度 T；然后将 β、α 及 T 值代入式（2.1）中，求得相应的 $\ln\left(\beta/T^2\right)$ 和 $1/T$ 值。

（4）绘制同一转化率 α 下 $\ln\left(\beta/T^2\right)$ 与 $1/T$ 的数据关系，利用一元线性回归方法求出该转化率下所拟合曲线的斜率 k_i。图 2.11 为空气气氛下褐煤质量转化率分别为 0.2～0.9 时，$\ln\left(\beta/T^2\right)$ 与 $1/T$ 的数据关系。

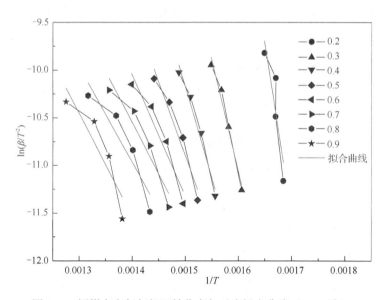

图 2.11　褐煤在空气气氛下转化率与对应拟合曲线（KAS 法）

（5）根据曲线斜率 k_i，利用活化能计算式 $E_{a,i} = -k_i \cdot R$，确定各转化率对应的活化能 $E_{a,i}$。

2）基于 Ozawa 法的活化能计算

Ozawa 方程：

$$\lg\beta = \lg\left(\frac{AE_a}{Rg(\alpha)}\right) - 2.305 - 0.4567\frac{E_a}{RT} \tag{2.2}$$

式中，β 为升温速率（K/min）；T 为温度；A 为指前因子；E_a 为活化能；R 为气体常数；α 为增重过程中质量转化率。依据 Ozawa 方程，对于指定转化率 α，对 $\lg\beta$-$1/T$ 作图并采用最小二乘法可以拟合出一条直线，据所拟合出的直线斜率可求得指定转化率所对应的活化能。具体计算步骤与上述 KAS 法基本相同，需要获得同一转化率下 $\lg\beta$ 与 $1/T$ 的数据关系曲线。通过一元线性回归求出各转化率下拟合曲线的斜率 k_i，并据此计算各转化率对应的活化能 $E_{a,i} = -k_i \cdot R / 0.4567$。图 2.12 是空气气氛下褐煤质量转化率 0.2～0.9 分别对应的数据点。

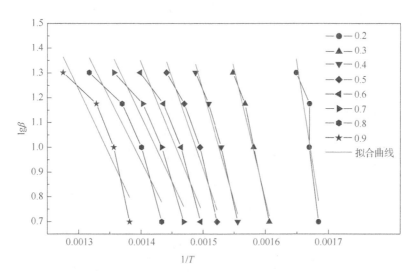

图 2.12   褐煤在空气气氛下转化率与对应拟合曲线（Ozawa 法）

相对于 KAS 法和 Ozawa 法，Friedman-Reich-Levi 法所获得的 $\ln\left(\beta\dfrac{\mathrm{d}\alpha}{\mathrm{d}T}\right)$ 与 $1/T$ 拟合曲线因线性相关度较差，本书未进一步分析。基于 KAS 法和 Ozawa 法计算得出的各转化率对应的活化能及相关度如表 2.4 所示。

表 2.4　空气气氛下三种煤粉活化能计算过程数据

煤样	转化率 α	KAS 法		Ozawa 法	
		活化能 E_a/(kJ/mol)	相关度 r	活化能 E_a/(kJ/mol)	相关度 r
褐煤	0.1	−22.20	0.86583	−13.96	0.73838
	0.2	295.72	0.71234	290.70	0.72754
	0.3	191.58	0.96735	192.20	0.97072
	0.4	159.51	0.96443	162.07	0.96894
	0.5	129.02	0.92604	133.37	0.93732
	0.6	105.44	0.89796	111.20	0.91663
	0.7	89.71	0.87286	96.51	0.89980
	0.8	83.53	0.81426	90.95	0.85535
	0.9	89.48	0.75122	97.01	0.80227
无烟煤	0.1	118.32	0.79971	125.12	0.83412
	0.2	128.26	0.98831	134.97	0.99062
	0.3	120.01	0.99224	127.37	0.99384
	0.4	112.76	0.98731	120.68	0.99005
	0.5	105.50	0.98055	113.96	0.98496
	0.6	99.04	0.97223	108.00	0.97890
	0.7	93.68	0.96116	103.10	0.97097
	0.8	88.94	0.95653	98.80	0.96812
	0.9	87.01	0.95063	97.23	0.96421
烟煤	0.1	112.79	0.68664	116.70	0.72641
	0.2	140.80	0.98886	144.32	0.99034
	0.3	123.24	0.98719	128.08	0.98935
	0.4	110.37	0.98615	116.14	0.98886
	0.5	96.97	0.96911	103.64	0.97579
	0.6	83.37	0.94662	90.94	0.95964
	0.7	70.93	0.93039	79.33	0.94980
	0.8	62.53	0.91172	71.59	0.93896
	0.9	57.88	0.89655	67.46	0.93072

根据表 2.4 中计算结果，三种煤粉高线性相关度对应的转化率介于 0.2～0.9 之间，活化能的量值在 100kJ/mol 左右。各转化率下活化能均值最高的煤样为褐煤，量值为 126.47kJ/mol，其次为无烟煤与烟煤，量值分别为 104.4～113.1kJ/mol 和 93.27～100.19kJ/mol，具体如表 2.5 所示。

表 2.5　KAS 法和 Ozawa 法活化能计算结果对比分析

煤样	KAS 法			Ozawa 法		
	高相关度转化率	活化能值域/(kJ/mol)	活化能均值/(kJ/mol)	高相关度转化率	活化能值域/(kJ/mol)	活化能均值/(kJ/mol)
褐煤	0.3～0.8	83.53～191.58	126.47	0.3～0.9	90.95～192.20	126.19
无烟煤	0.2～0.9	87.01～128.26	104.40	0.2～0.9	97.23～134.97	113.10
烟煤	0.2～0.9	57.88～140.8	93.27	0.2～0.9	67.46～144.32	100.19

3）基于 Coats-Redfern 积分法的活化能计算

Coats-Redfern 方程：

$$\ln\left(\frac{g(\alpha)}{T^2}\right) = \ln\left(\frac{AR}{\beta E_a}\right) - \frac{E_a}{RT} \tag{2.3}$$

式中，β 为升温速率（K/min）；T 为温度；A 为指前因子；E_a 为活化能；R 为气体常数；α 为增重过程中质量转化率；$g(\alpha)$ 为反应机理函数。

获取活化能的具体计算步骤与上述 KAS 法、Ozawa 法基本相同，需要获得各转化率下 $\ln\left(\dfrac{g(\alpha)}{T^2}\right)$ 与 $1/T$ 的数据关系曲线。之后通过一元线性回归拟合出各升温速率下直线的斜率和截距；最后根据其斜率和截距计算出相应升温速率下的活化能和指前因子[12]。

根据常见的八种反应机理函数表达式，表 2.6 以 260～480℃温度段褐煤的 TG 曲线为例，列出了各升温速率下活化能和指前因子等计算结果。通过表 2.6 中活化能的数据对比可以得出，机理函数 $[-\ln(1-\alpha)^{1/3}]^2$ 所计算出的活化能与前述 KAS 法、Ozawa 法计算出的活化能最相近，相关度也非常高，因此褐煤燃烧阶段的机理函数可确定为 $[-\ln(1-\alpha)^{1/3}]^2$。表 2.7 为采用 Coats-Redfern 积分法计算确定的三种煤样的机理函数以及相关数据。

表2.6　八种机理函数所计算出的活化能和指前因子以及相关度

升温速率 $\beta/(K/min)$	机理函数	活化能 $E_a/(kJ/mol)$	指前因子自然对数 $\ln A/min^{-1}$	相关度 r
5	$\left[-\ln\left(1-\alpha\right)\right]^{1/2}$	13.04	−0.69333	0.95813
10		11.37	−0.53304	0.91375
15		8.17	−1.11393	0.80341
20		4.07	−2.36501	0.73284
5	$\left[-\ln\left(1-\alpha\right)\right]^{1/3}$	2.45	−4.25488	0.64737
10		1.34	−4.42917	0.25033
15		−0.80	N/A	0.07391
20		−3.53	N/A	0.83358
5	$\left[-\ln\left(1-\alpha\right)\right]^{1/4}$	−2.84	N/A	0.81687
10		−3.68	N/A	0.82926
15		−5.29	N/A	0.88309
20		−7.33	N/A	0.97654
5	α^2	62.69	8.585498	0.9599
10		62.80	9.089278	0.98586
15		56.82	8.154559	0.98933
20		51.02	7.040693	0.99322
5	$(1-\alpha)\ln(1-\alpha)+\alpha$	74.44	10.48351	0.97608
10		73.19	10.68313	0.98961
15		65.69	9.430329	0.98609
20		57.34	7.784969	0.99081
5	$[-\ln\left(1-\alpha\right)^{1/3}]^2$	108.35	16.2406	0.98971
10		101.67	15.28478	0.98017
15		88.89	12.94533	0.96591
20		72.48	9.651277	0.97999
5	$\left(1-\dfrac{2\alpha}{3}\right)-(1-\alpha)^{2/3}$	79.68	10.11344	0.98146
10		77.65	10.14517	0.98985
15		69.37	8.730451	0.98369
20		59.79	6.831457	0.98939
5	$-\ln(1-\alpha)$	44.81	6.212267	0.98516
10		41.47	6.035542	0.97114
15		35.07	4.966602	0.9475
20		26.88	3.300143	0.96539

注：N/A 表示无适用数据

表 2.7 三种煤样基于 Coats-Redfern 积分法的计算数据

煤样	机理函数	升温速率 β/(K/min)	活化能 E_a/(kJ/mol)	指前因子自然对数 $\ln A$/min^{-1}	相关度 r
褐煤	$[-\ln(1-\alpha)^{1/3}]^2$	5	108.35	16.2406	0.98971
		10	101.67	15.28478	0.98017
		15	88.89	12.94533	0.96591
		20	72.48	9.651277	0.97999
无烟煤	$-\ln(1-\alpha)$	5	124.05	16.14239	0.93814
		10	123.73	15.89485	0.99041
		15	112.57	14.2201	0.99874
		20	93.12	11.66818	0.99749
烟煤	$\left(1-\dfrac{2\alpha}{3}\right)-(1-\alpha)^{2/3}$	5	113.35	15.32682	0.98077
		10	110.82	14.94689	0.98218
		15	90.70	11.11883	0.98344
		20	79.07	9.066631	0.9792

综上，褐煤燃烧过程最合适的机理函数为 $[-\ln(1-\alpha)^{1/3}]^2$，活化能的平均值为 92.85kJ/mol，指前因子自然对数的平均值为 13.53min^{-1}；无烟煤燃烧过程最合适的机理函数为 $-\ln(1-\alpha)$，活化能平均值为 113.37kJ/mol，指前因子自然对数的平均值为 14.48min^{-1}；烟煤燃烧过程最合适的机理函数为 $\left(1-\dfrac{2\alpha}{3}\right)-(1-\alpha)^{2/3}$，活化能平均值为 98.49kJ/mol，指前因子自然对数的平均值为 12.62min^{-1}。

2. 煤粉热解的动力学参数确定

以褐煤为例，氮气气氛下采用 KAS 法得出各质量转化率对应的 $\ln(\beta/T^2)$ 与 $1/T$ 数据关系曲线如图 2.13 所示，Ozawa 法对应的 $\lg\beta$-$1/T$ 数据关系曲线如图 2.14 所示。

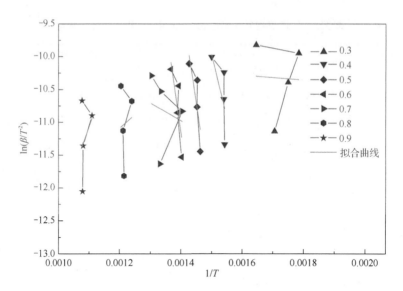

图 2.13　褐煤在氮气气氛下转化率与对应拟合曲线（KAS 法）

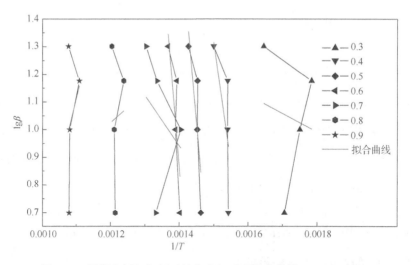

图 2.14　褐煤在氮气气氛下转化率与对应拟合曲线（Ozawa 法）

　　三种煤粉各转化率对应的活化能及相关度计算结果如表 2.8 所示。从表中计算结果可以看出，KAS 法和 Ozawa 法计算出的三种煤样在氮气气氛下热解活化能的相关度较差，这说明在整个升温过程中煤粉的热解非常复杂，不同温度段具有不同的热解特征，计算活化能时需根据热解 TG 曲线特征分阶段进行。根据图 2.3、图 2.4 及表 2.2 中煤粉热解的 TG 曲线及温度分段特征，可以看出煤粉的热解过程大致可分为以下两个主要阶段。

第一阶段：温度区间 300～500℃，解聚、分解阶段。

第二阶段：温度区间 500℃ 以后，缩聚阶段。

表 2.8　氮气气氛下三种煤样基于 KAS 法、Ozawa 法的计算数据

煤样	转化率 α	KAS 法		Ozawa 法	
		活化能 E_a/(kJ/mol)	相关度 r	活化能 E_a/(kJ/mol)	相关度 r
褐煤	0.1	7.52	−0.40511	12.56	−0.24233
	0.2	4.25	−0.45841	10.39	−0.26412
	0.3	3.05	−0.49794	12.14	−0.46486
	0.4	156.39	0.17454	159.12	0.22504
	0.5	263.12	0.51982	261.17	0.54747
	0.6	269.81	0.51784	268.00	0.54599
	0.7	22.42	−0.44068	32.97	−0.36567
	0.8	−34.96	−0.48317	−20.32	−0.49367
	0.9	−111.73	−0.3318	−91.79	−0.37078
无烟煤	0.1	−7.26	0.61177	0.90	−0.43105
	0.2	−7.62	0.6046	0.93	−0.43469
	0.3	−12.18	0.78345	−2.88	−0.18683
	0.4	−4.39	−0.46418	8.59	−0.35792
	0.5	4.57	−0.48674	18.01	−0.30025
	0.6	28.23	−0.31642	41.15	−0.12881
	0.7	52.10	−0.17234	64.36	−0.01844
	0.8	50.65	−0.28793	63.55	−0.16544
	0.9	95.91	−0.24238	107.30	−0.16532
烟煤	0.1	19.31	−0.79489	23.67	−0.68047
	0.2	−16.64	−0.000932	−9.31	−0.49733
	0.3	−47.81	0.23143	−35.67	−0.01087
	0.4	68.71	−0.92908	76.38	−0.90432
	0.5	307.92	−0.1841	304.26	−0.14673
	0.6	237.91	−0.68125	238.19	−0.65268
	0.7	−157.83	−0.89427	−137.43	−0.91059
	0.8	−71.14	−0.98281	−54.02	−0.98901
	0.9	222.99	−0.93248	227.01	−0.923

采用 Coats-Redfern 积分法对上述两个阶段分别分析的结果如表 2.9 和表 2.10 所示。对于第一阶段，三种煤样在其解聚、分解阶段最合适的机理函数均为

$(1-\alpha)\ln(1-\alpha)+\alpha$，褐煤活化能的平均值为 35.3kJ/mol，指前因子自然对数的平均值为 2.25min^{-1}；无烟煤活化能的平均值为 57.61kJ/mol，指前因子自然对数的平均值为 2.24min^{-1}，烟煤活化能的平均值为 35.22kJ/mol，指前因子自然对数的平均值为 2.46min^{-1}。对于第二阶段，褐煤、烟煤两种煤样在缩聚阶段最合适的机理函数均为 $[-\ln(1-\alpha)^{1/3}]^2$，褐煤活化能的平均值为 33.84kJ/mol，指前因子自然对数的平均值为 1.35min^{-1}；烟煤活化能的平均值为 40.51kJ/mol，指前因子自然对数的平均值为 2.42min^{-1}。由图 2.4 中无烟煤的热解 TG 曲线可以看出，在初始温度至 800℃的温度范围内，第一阶段（即解聚、分解阶段）的曲线阶梯特征较为显著，第二阶段（即缩聚阶段）曲线无明显阶梯特征，无法得到该阶段无烟煤的机理函数等相关数据。

表 2.9　三种煤样第一阶段热解基于 Coats-Redfern 积分法的计算数据

煤样	机理函数	升温速率 β/(K/min)	活化能 E_a/(kJ/mol)	指前因子自然对数 $\ln A$/min^{-1}	相关度 r
褐煤	$(1-\alpha)\ln(1-\alpha)+\alpha$	5	56.57	3.653584	0.98359
		10	26.18	1.039999	0.97356
		15	27.86	1.826011	0.96609
		20	30.59	2.493914	0.97273
无烟煤	$(1-\alpha)\ln(1-\alpha)+\alpha$	5	45.85	0.81343	0.96787
		10	67.11	2.758237	0.94234
		15	83.35	3.62201	0.99874
		20	34.11	1.758237	0.95181
烟煤	$(1-\alpha)\ln(1-\alpha)+\alpha$	5	34.96	1.67465	0.97274
		10	40.68	3.304076	0.97184
		15	33.67	2.462465	0.95343
		20	31.57	2.391413	0.95167

表 2.10　两种煤样第二阶段缩聚基于 Coats-Redfern 积分法的计算数据

煤样	机理函数	升温速率 β/(K/min)	活化能 E_a/(kJ/mol)	指前因子自然对数 $\ln A$/min^{-1}	相关度 r
褐煤	$[-\ln(1-\alpha)^{1/3}]^2$	5	46.42	1.463168	0.96441
		10	28.72	0.745646	0.96506
		15	28.84	1.3221	0.97891
		20	31.37	1.85948	0.97543

续表

煤样	机理函数	升温速率 $\beta/(K/min)$	活化能 $E_a/(kJ/mol)$	指前因子自然对数 $\ln A/min^{-1}$	相关度 r
烟煤	$[-\ln(1-\alpha)^{1/3}]^2$	5	39.42	1.606591	0.98675
		10	40.96	2.469802	0.98606
		15	42.32	2.645743	0.95643
		20	39.32	2.972819	0.97823

2.2　金属粉尘的化学反应动力学

在正常状态下，大的块状金属在工业中的应用十分受限。经粉碎、研磨至微米颗粒后，比表面积显著增加，就具有了很高的反应活性。例如，微米级的铝、镁、镍等金属粉尘着火后可释放出大量的能量，具有热密度高、燃烧无污染等优点，通常作为固体火箭推进剂燃料、冶金添加剂等在工业中广泛应用。随着粉体过程工业的发展，纳米金属作为新兴材料，具有颗粒尺寸小、比表面积大、熔沸点低等迥异于微米颗粒的物化特性，在工业应用中性能优越[13-17]。研究发现相对于微米金属，纳米金属着火温度低、燃尽速度快，燃烧产物经捕集还原后甚至可重复利用[18,19]。下面将以微纳米钛粉、微米镁粉为例，讨论金属粉尘在空气、氮气气氛下的化学反应动力学特性。

2.2.1　金属粉尘的 TG/DTG 曲线特征

1. 空气气氛下金属粉尘的 TG/DTG 曲线特征

1）微米钛粉在空气气氛下的 TG/DTG 曲线特征

图 2.15 为 20K/min 升温速率、空气气氛下微米钛粉的 TG/DTG 曲线，曲线中样品质量变化大致分为两个阶段。

（1）25～600℃为第一阶段，该阶段样品质量缓慢增加并增加到初始时的105.2%，在 DTG 曲线上表现为正值。该阶段样品中存在少量水分蒸发及杂质分解，导致微米钛粉变得松散、裂隙增大、质量降低[20]，但同时伴有钛与空气中氧的缓慢氧化反应，导致质量增加，最终表现为 TG 曲线的缓慢上升。

（2）600～1000℃为第二阶段，该阶段 TG 曲线走势出现明显的上升，样品增重大部分发生在这个阶段，样品质量增加到初始时的 169.5%，DTG 曲线表现出一个很大的增重峰。该阶段温度达 600℃以上时，微米钛粉在空气中被点燃并发生剧烈氧化反应，导致质量显著增加，在 TG 曲线上表现为明显的曲线上升[21]。

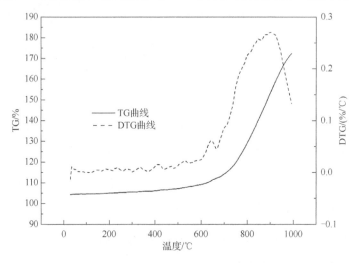

图 2.15　空气气氛下微米钛粉 TG/DTG 曲线（β=20K/min）

2）纳米钛粉在空气气氛下的 TG/DTG 曲线特征

图 2.16 为 20K/min 升温速率、空气气氛下纳米钛粉的 TG/DTG 曲线。曲线中样品质量变化大致分为三个阶段。

（1）25～120℃为第一阶段，该阶段样品质量没有明显变化，基本保持在初始时的 100%左右。DTG 曲线表现为数值为零的一条直线。在该阶段的温度环境中，样品氧化反应较为缓慢，样品氧化所致的质量增加基本抵消了残留水分蒸发以及杂质分解所致的质量减少[9]，总体表现为 TG 曲线较为平缓。

（2）120～650℃为第二阶段，该阶段 TG 曲线出现明显的质量增加现象，样品质量增加到初始时的 149.3%。样品的大部分增重发生在该阶段，DTG 曲线表现出一个很大的增重峰。该阶段纳米钛粉发生氧化着火，质量明显增加。

（3）650～1000℃为第三阶段，该阶段 TG 曲线虽也明显上升，但是相比于第二阶段，上升趋势相对缓慢，只有少部分的增重，样品质量从初始时的 149.3%增加到 163.5%。DTG 曲线表现为质量变化率缓慢减少，逐渐趋近于零。该阶段纳米钛粉经第二阶段着火后，可燃金属成分明显降低且表面存在较厚的保护层，导致质量增加较为缓慢，直至最后反应完全，不再增重[22-24]。

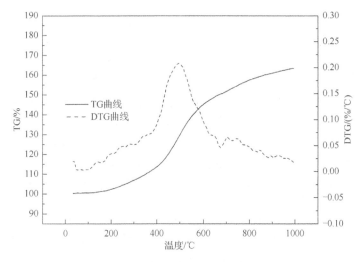

图 2.16　空气气氛下纳米钛粉 TG/DTG 曲线（β=20K/min）

3）微米镁粉在空气气氛下的 TG/DTG 曲线特征

图 2.17 为 20K/min 升温速率、空气气氛下微米镁粉的 TG/DTG 曲线，曲线中样品质量变化大致分为四个阶段。

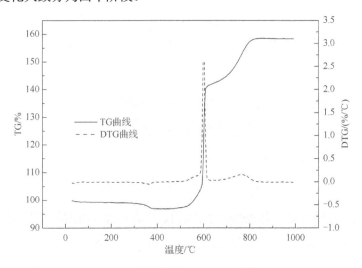

图 2.17　空气气氛下微米镁粉 TG/DTG 曲线（β=20K/min）

（1）25～530℃为第一阶段，该阶段样品质量有轻微下降，样品质量降低到初始时的96.9%。DTG曲线在360℃附近出现一个极小的失重峰，其他温度时的DTG曲线基本保持水平。该升温阶段，虽然微米镁粉与空气中的氧发生缓慢氧化导致质量增加，但同时也有样品中残留水分的蒸发及杂质分解导致的质量降低[20]。

（2）530～630℃为第二阶段，该阶段TG曲线出现明显的上升现象，样品的大部分增重发生在这个阶段，样品质量增加到初始时的140.4%。DTG曲线表现出一个很大的增重峰。该阶段微米镁粉发生了着火，样品发生氧化反应使质量明显增加，在TG曲线上表现为明显的曲线上升。

（3）630～850℃为第三阶段，相比于第二阶段，该阶段样品质量变化率增加趋势相对缓慢，样品质量增加到初始时的158.6%。DTG曲线上表现出一个较小的增重峰，之后逐渐趋近于零。该阶段镁颗粒经第二阶段氧化反应后尚未燃尽，颗粒表层已形成氧化保护膜，抑制了该阶段金属镁的进一步氧化反应[20,24]。

（4）850～1000℃为第四阶段，该阶段镁粉颗粒在空气中几乎燃尽，TG曲线中未出现增重，DTG曲线表现为一条数值为零的直线。

2. 氮气气氛下金属粉尘的TG/DTG曲线特征

1）微米钛粉在氮气气氛下的TG/DTG曲线特征

图2.18为20K/min升温速率、氮气气氛下微米钛粉的TG/DTG曲线，曲线中样品增重过程大致分两个阶段。

（1）25～620℃为第一阶段，据该阶段TG曲线，样品质量没有明显的变化，DTG曲线仅呈现为微小波动。该阶段微米钛粉存在内在水分蒸发及杂质分解，同时伴随有缓慢氮化反应导致的质量增加，在TG曲线上整体表现为质量没有明显变化。

（2）620～1000℃为第二阶段，据该阶段TG曲线，样品质量出现明显增重，增加到初始时的160.6%。DTG曲线表现出一个很大的增重峰。该阶段样品发生氮化反应使质量明显增加[25,26]。

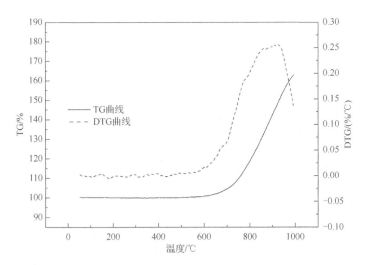

图 2.18　氮气气氛下微米钛粉 TG/DTG 曲线（β=20K/min）

2）纳米钛粉在氮气气氛下的 TG/DTG 曲线特征

图 2.19 为 20K/min 升温速率、氮气气氛下纳米钛粉的 TG/DTG 曲线，曲线中样品质量变化大致分为三个阶段。

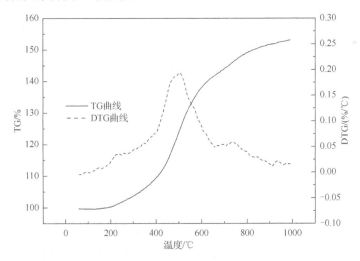

图 2.19　氮气气氛下纳米钛粉 TG/DTG 曲线（β=20K/min）

（1）25～160℃为第一阶段，据该阶段 TG 曲线，样品质量没有明显的变化，DTG 曲线表现为数值为零的一条直线。该阶段样品中存在残留水分的蒸发及杂质分解，同时有缓慢氮化反应导致的质量增加[27]，据 TG 曲线，样品整体增重没有太大变化。

（2）160～660℃为第二阶段，该阶段样品出现明显增重，样品质量增加到初始时的141.8%。DTG曲线表现出一个很大的增重峰。该阶段纳米钛发生氮化反应，样品质量增加明显。

（3）660～1000℃为第三阶段，据该阶段TG曲线，样品质量虽有增加，但相比于第二阶段，增加趋势相对缓慢，样品质量增加到初始时的152.6%。DTG曲线表现为小幅度平缓波动后，逐渐趋近于零。该阶段纳米钛粉经第二阶段氮化反应后，颗粒内部金属成分减少、颗粒表层的保护膜对进一步的氮化反应有抑制作用。

3）微米镁粉在氮气气氛下的TG/DTG曲线特征

图2.20为20K/min升温速率、氮气气氛下微米镁粉的TG/DTG曲线，曲线中质量变化大致分为四个阶段。

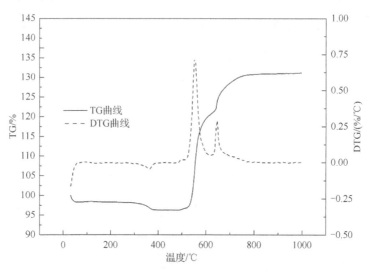

图2.20　氮气气氛下微米镁粉TG/DTG曲线（β=20K/min）

（1）25～485℃为第一阶段，据该阶段TG曲线，样品质量有轻微下降，样品质量降低到初始时的96.3%。DTG曲线数值基本维持为零。该阶段样品升温过程存在残留水分蒸发及杂质分解，也存在微米镁粉的缓慢氮化反应[27]，TG曲线中样品质量整体出现轻微下降。

（2）485～620℃为第二阶段，据该阶段 TG 曲线，出现明显的样品增重，样品质量降低到初始时的 120.7%。DTG 曲线表现出一个很大的增重峰。该阶段微米镁粉发生明显的氮化反应，质量显著增加，在 TG 曲线上表现为明显的曲线上升。

（3）620～800℃为第三阶段，相比于第二阶段该阶段样品增重趋势相对缓慢，样品质量降低到初始时的 131.1%。DTG 曲线表现出一个较小的增重峰，之后逐渐趋近于零。该阶段金属镁经第二阶段氮化反应后，颗粒内部金属成分减少、颗粒表层的保护膜对进一步的氮化反应有抑制作用[20]。

（4）800～1000℃为第四阶段，该阶段样品中的金属成分几乎已完全氮化，TG 曲线中增重不再变化，DTG 曲线也表现为一条数值为零的直线。

3. 金属粉尘 TG 曲线的差异性分析

图 2.21 为 20K/min 升温速率、空气和氮气气氛下微米钛粉、纳米钛粉及微米镁粉的 TG 曲线，各增重阶段如表 2.11 所示。通过对比可以得出以下结论。

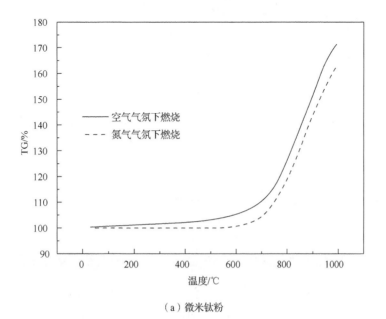

（a）微米钛粉

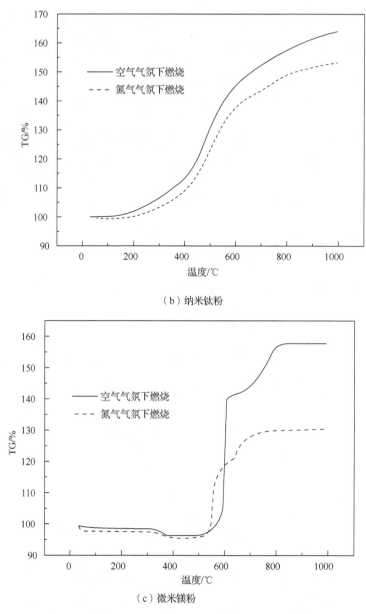

（b）纳米钛粉

（c）微米镁粉

图 2.21　金属粉尘在不同气氛下反应的 TG 曲线（β=20K/min）

（1）第一阶段三种金属粉尘在空气气氛下的 TG 曲线都略高于在氮气气氛下反应的 TG 曲线，即三种金属粉尘在空气气氛下的增重略大于在氮气气氛下的增重。该阶段引起样品质量变化的原因包括样品中水分蒸发及杂质分解、样品的吸气增重以及缓慢的氧化反应和氮化反应。根据表 2.12 可以看出，单位质量金属氧化反应的增重也略大于氮化反应增重。

表 2.11　微米钛粉、纳米钛粉及微米镁粉在空气、氮气气氛下各增重阶段

单位：℃

样品名称	空气				氮气			
	第一阶段	第二阶段	第三阶段	第四阶段	第一阶段	第二阶段	第三阶段	第四阶段
微米钛粉	25～600	600～1000	N/A	N/A	25～620	620～1000	N/A	N/A
纳米钛粉	25～120	120～650	650～1000	N/A	25～160	160～660	660～1000	N/A
微米镁粉	25～530	530～630	630～850	850～1000	25～485	485～620	620～800	800～1000

注：N/A 表示无适用数据

表 2.12　微米钛粉、纳米钛粉及微米镁粉在空气、氮气气氛下各反应的理论增重

单位：%

样品名称	空气（产物二氧化钛、氧化镁）		氮气（产物二氮化钛、二氮化三镁）	
	实际增重	理论增重	实际增重	理论增重
微米钛粉	169.5	166.7	160.6	158.3
纳米钛粉	163.5	166.7	152.6	158.3
微米镁粉	158.6	166.7	131.1	138.9

（2）第二阶段为金属粉尘的着火燃烧阶段。从表 2.11 可以看出，相对于氮气，微米钛粉和纳米钛粉更易与空气中的氧反应，在空气气氛下的起始着火温度略低于氮气气氛。对于微米镁粉，在 298K、101kPa 的标准状态下，镁氧化反应和镁氮化反应的标准吉布斯自由能分别为-571.16kJ/mol 和-402.93kJ/mol[28]，即在常温下镁与氧气、氮气的反应均可自发进行，且更易与空气中的氧发生反应。在图 2.21（c）中，空气气氛下镁氧化反应起始着火温度要略高于氮化反应的相应温度，原因是颗粒表面氧化膜比氮化膜对颗粒表面的化学反应有更强的抑制作用。

（3）从三种金属粉尘 TG 曲线的样品增重趋势可以发现，微米钛粉增重的阶段特征与纳米钛粉、微米镁粉不同。微米镁粉、纳米钛粉出现两个增重阶段的原

因与升温过程中的颗粒熔融有关，两个增重阶段的过渡温度均出现在熔点附近。对于微米钛粉，其熔点温度在升温区间以外，高达 1500℃。

（4）根据表 2.12 计算结果，微米钛粉在空气、氮气气氛下反应的最终增重与反应完全时的理论增重较为相近，说明微米钛粉在空气气氛下反应的主要产物是二氧化钛，在氮气气氛下反应的主要产物是二氮化钛。纳米钛粉、微米镁粉在空气及氮气气氛下反应的最终增重与反应完全时的理论增重有轻微偏差。

4. 基于 TG/DTG/DSC 的金属粉尘燃烧特性分析

图 2.22 和图 2.23 为 20K/min 升温速率下三种金属粉尘的 TG/DTG 和 DSC 分析曲线。图 2.22（b）着火温度为 TG 台阶前水平处作切线与 TG 曲线拐点处作切线的相交点，峰值温度为 DTG 曲线峰值对应的温度。根据以上方法确定的三种金属粉尘在不同升温速率下的着火温度、峰值温度及单位质量的放热量如表 2.13 所示。根据表 2.13 中分析数据，着火温度和峰值温度随升温速率的增加而增加，因为升温速率越高，抵达某特定温度时所用的时间越短、反应体系的累积热量越少，导致着火温度、峰值温度都会有所增加[6]。纳米钛粉的着火温度最低，其次为微米镁粉和微米钛粉。

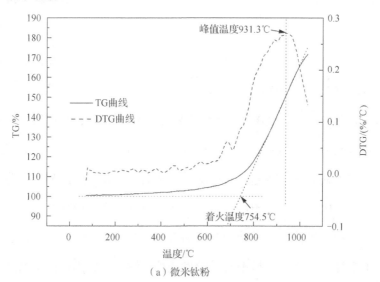

（a）微米钛粉

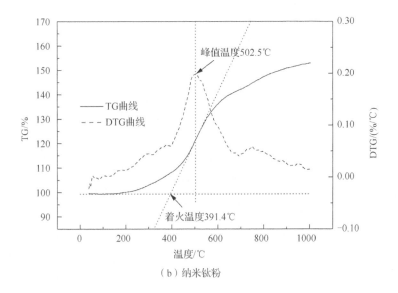

（b）纳米钛粉

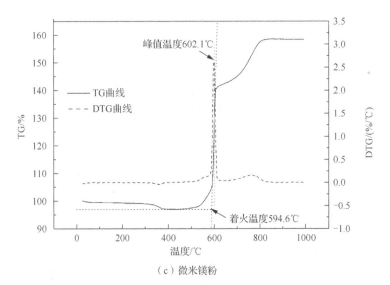

（c）微米镁粉

图 2.22　金属粉尘燃烧特性判断 TG/DTG 曲线（β=20K/min）

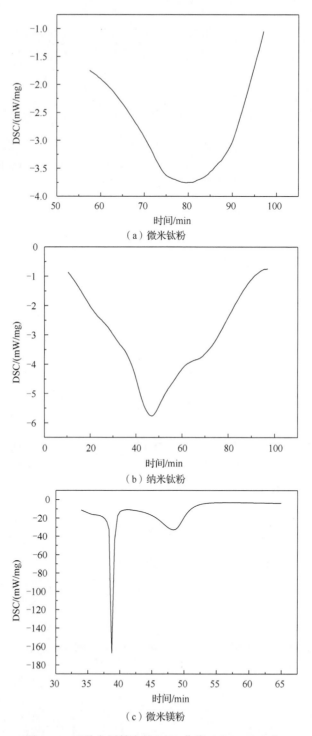

（a）微米钛粉

（b）纳米钛粉

（c）微米镁粉

图 2.23　三种金属粉尘的 DSC 曲线（β=20K/min）

表 2.13　三种金属粉尘在不同升温速率下的着火温度、峰值温度及单位质量的放热量

金属样品	升温速率/(K/min)	着火温度/℃	峰值温度/℃	单位质量的放热量/(J/g)
微米钛粉	5	698.5	860.7	12913.6
	10	703.6	899.4	11185
	15	747.0	920.6	14941.1
	20	754.5	931.3	10808.8
	平均值	725.9	903.0	12462.1
纳米钛粉	5	324.9	479.4	37605.2
	10	353.7	494.2	26629
	15	385.4	501.4	30495
	20	391.4	502.5	25830.1
	平均值	363.9	494.4	30139.9
微米镁粉	5	576.6	589.9	50125.7
	15	589.1	601.8	48638.7
	20	594.6	602.1	44567.8
	平均值	586.8	597.9	47777.4

　　根据图 2.24 中三种金属粉尘的 DTG 曲线，微米镁粉 DTG 曲线的波峰明显高于纳米钛粉和微米钛粉的波峰，说明微米镁粉氧化反应时的增重速率明显高于微米钛粉和纳米钛粉。虽然纳米钛粉起始着火温度较低，但在 DTG 曲线中的样品质量增重速率与微米钛粉比较接近。

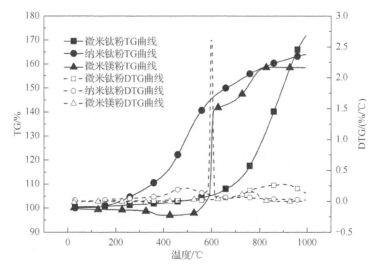

图 2.24　三种金属粉尘在空气气氛下反应的 TG/DTG 曲线

根据表 2.13 中三种金属粉尘不同升温速率下的单位质量放热量,升温速率对于单位质量金属粉尘的放热量有一定的影响。同一金属粉尘在不同升温速率下,单位质量的放热量在数值上相差较大,且没有表现出明显的规律性。单位质量微米镁粉的放热量明显大于单位质量微米钛粉和纳米钛粉的放热量,单位质量纳米钛粉的放热量明显大于单位质量微米钛粉的放热量。

2.2.2　金属粉尘化学反应动力学参数

1. 空气气氛下金属粉尘的活化能

以微米钛粉在空气气氛下的化学反应为例,图 2.25 是转化率 0.1~0.9 分别对应的数据点(KAS 法)。利用 KAS 法计算得出的各个转化率对应的活化能及相关度如表 2.14 所示。图 2.26 是以微米钛粉在空气气氛下转化率 0.1~0.9 分别对应的数据点(Ozawa 法)。利用 Ozawa 法计算得出的各个转化率对应的活化能及相关度如表 2.14 所示。

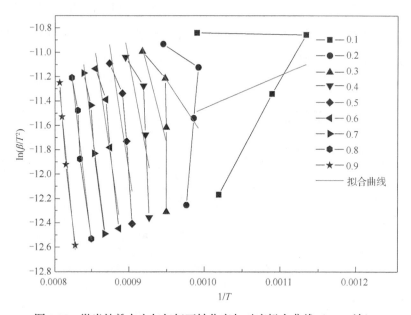

图 2.25　微米钛粉在空气气氛下转化率与对应拟合曲线(KAS 法)

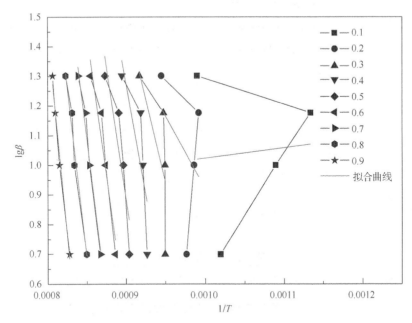

图 2.26　微米钛粉在空气气氛下转化率与对应拟合曲线（Ozawa 法）

表 2.14　空气气氛下金属粉尘基于 KAS 法、Ozawa 法、Friedman-Reich-Levi 法的计算结果

金属样品	转化率 α	KAS 法		Ozawa 法		Friedman-Reich-Levi 法	
		活化能 E_a/(kJ/mol)	相关度 r	活化能 E_a/(kJ/mol)	相关度 r	活化能 E_a/(kJ/mol)	相关度 r
微米钛粉	0.1	−22.42	−0.37984	−6.40	−0.48837	85.75	0.62
	0.2	77.11	−0.33584	89.68	−0.26727	184.41	0.52699
	0.3	198.97	0.14406	206.16	0.20776	235.99	0.52223
	0.4	271.21	0.4407	275.29	0.48585	303.23	0.76164
	0.5	324.94	0.69742	326.81	0.72385	340.41	0.84847
	0.6	347.26	0.88885	348.39	0.89958	361.19	0.96492
	0.7	399.37	0.95701	398.31	0.96088	430.78	0.97337
	0.8	422.95	0.94908	421.09	0.9534	474.56	0.94946
	0.9	508.44	0.98057	502.84	0.98198	648.58	0.95396
纳米钛粉	0.1	29.67	0.99224	37.07	0.99472	47.44	0.97054
	0.2	64.75	0.97259	71.96	0.97924	95.62	0.91539
	0.3	129.50	0.94592	134.47	0.95437	190.73	0.90709
	0.4	246.24	0.74211	246.08	0.76278	316.27	0.70526

金属样品	转化率 α	KAS 法		Ozawa 法		Friedman-Reich-Levi 法	
		活化能 E_a/(kJ/mol)	相关度 r	活化能 E_a/(kJ/mol)	相关度 r	活化能 E_a/(kJ/mol)	相关度 r
纳米钛粉	0.5	246.77	−0.00796	247.12	0.02687	293.38	−0.05562
	0.6	113.80	−0.44374	121.23	−0.43006	126.73	−0.45283
	0.7	−226.67	0.22776	−201.63	0.17809	−282.45	0.22751
	0.8	−270.03	0.24196	−241.38	0.19585	−193.59	0.03759
	0.9	−318.21	0.54992	−285.45	0.51243	−338.29	0.55767
微米镁粉	0.1	362.13	0.84018	357.88	0.85117	628.71	0.72551
	0.2	505.43	0.99101	494.28	0.99149	625.19	0.99956
	0.3	557.91	0.99418	544.24	0.99446	605.29	0.98652
	0.4	549.51	0.99355	536.27	0.99387	603.15	0.97598
	0.5	551.51	0.99356	538.20	0.99387	563.80	0.99737
	0.6	561.08	0.97812	547.34	0.97918	561.88	0.94473
	0.7	236.39	0.7233	238.81	0.7513	−290.45	0.7711
	0.8	449.28	0.76616	442.77	0.78057	488.90	0.54353
	0.9	331.91	−0.41129	331.88	−0.36869	345.20	−0.53751

最后采用 Friedman-Reich-Levi 法进行分析。依据式（2.4）所示的 Friedman-Reich-Levi 方程，对于指定的转化率 α，先求出 α-T 曲线的一阶导数 $d\alpha/dT$，之后对 $\ln\left(\beta\dfrac{d\alpha}{dT}\right)$-$1/T$ 作图并采用最小二乘法进行线性拟合。根据所拟合出的直线斜率求得指定转化率所对应的活化能。由于不同升温速率下的增、失重阶段有所差异，这里选取整个升温区间（即温度 20～1000℃）的数据进行计算分析。

Friedman-Reich-Levi 方程：

$$\ln\left(\beta\frac{d\alpha}{dT}\right) = \ln Af(\alpha) - E_a/(RT) \tag{2.4}$$

式中，β 为升温速率（K/min）；T 为温度；A 为指前因子；E_a 为活化能；R 为气体常数；α 为增重过程中质量转化率。

图 2.27 是以微米钛粉在空气气氛下的化学反应为例，转化率 0.1～0.9 分别对应的数据点（Friedman-Reich-Levi 法）。利用 Friedman-Reich-Levi 法计算得出的各个转化率对应的活化能及相关度如表 2.14 所示。

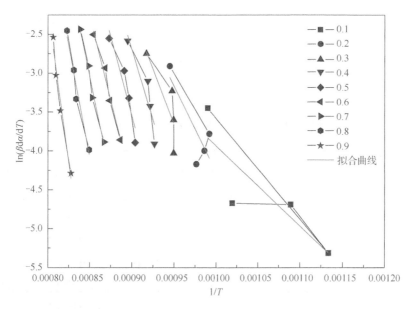

图 2.27　微米钛粉在空气气氛下转化率与对应拟合曲线（Friedman-Reich-Levi 法）

根据表 2.14 计算结果，将空气气氛下三种金属粉末反应时高相关度对应的转化率及活化能结果汇总如表 2.15 所示。从表中结果可以看出，KAS、Ozawa、Friedman-Reich-Levi 三种方法计算结果较为一致。纳米钛粉由于活性强，在 0.1～0.3 的低转化率时即进行了稳定单一的氧化反应，活化能在 100kJ/mol 左右；微米钛粉熔点较高，相对于纳米钛粉活性差，在 0.7～0.9 的高转化率时反应过程较为单一，活化能在 450kJ/mol 左右；微米镁粉熔点相对于微米钛粉低，活性稍强，在 0.2～0.6 转化率范围时反应过程较为单一，活化能在 550kJ/mol 左右。

表 2.15　活化能计算结果对比分析

计算方法	微米钛粉		纳米钛粉		微米镁粉	
	高相关度转化率	活化能均值及范围/(kJ/mol)	高相关度转化率	活化能均值及范围/(kJ/mol)	高相关度转化率	活化能均值及范围/(kJ/mol)
KAS	0.7～0.9	443.59, 399.37～508.44	0.1～0.3	74.64, 29.67～129.5	0.2～0.6	545.09, 505.43～561.08
Ozawa	0.7～0.9	440.75, 398.31～502.84	0.1～0.3	81.17, 37.07～134.47	0.2～0.6	532.07, 494.28～547.34
Friedman-Reich-Levi	0.6～0.9	478.78, 361.19～648.58	0.1～0.3	111.26, 47.44～190.73	0.2～0.6	591.86, 561.88～625.19

2. 空气气氛下金属粉尘的反应机理函数

根据 TG 曲线中样品的增重趋势,微米钛粉在空气中氧化过程仅有一个增重阶段,纳米钛粉和微米镁粉含有两个增重阶段。采用 Coats-Redfern 积分法对三种金属粉尘各阶段的反应机理函数计算结果如表 2.16 和表 2.17 所示。

表 2.16　金属粉尘第一增重阶段基于 Coats-Redfern 积分法的计算结果

样品	机理函数	升温速率 $\beta/(K/min)$	活化能 $E_a/(kJ/mol)$	指前因子自然对数 $\ln A/min^{-1}$	相关度 r
微米钛粉	$\left(1-\dfrac{2\alpha}{3}\right)-\left(1-\alpha\right)^{2/3}$	5	230.08	19.18347951	0.96172
		10	141.31	9.918893889	0.9923
		15	129.33	8.912047009	0.98265
		20	219.76	18.78035328	0.99677
纳米钛粉	$\left(1-\dfrac{2\alpha}{3}\right)-\left(1-\alpha\right)^{2/3}$	5	43.97	-1.587153552	0.98729
		10	55.67	1.110646348	0.98832
		15	60.95	2.254579359	0.99358
		20	77.52	5.343327669	0.97273
微米镁粉	$\left[-\ln\left(1-\alpha\right)\right]^{1/2}$	5	430.08	58.66484	0.9522
		15	509.61	69.94257	0.95451
		20	638.07	87.9554	0.99444

表 2.17　金属粉尘第二增重阶段基于 Coats-Redfern 积分法的计算结果

样品	机理函数	升温速率 $\beta/(K/min)$	活化能 $E_a/(kJ/mol)$	指前因子自然对数 $\ln A/min^{-1}$	相关度 r
纳米钛粉	$\left(1-\dfrac{2\alpha}{3}\right)-\left(1-\alpha\right)^{2/3}$	5	14.32	-5.066783302	0.98964
		10	11.64	-4.788170576	0.98479
		15	12.56	-4.225560323	0.98348
		20	13.57	-3.73890851	0.98864
微米镁粉	α^2	5	24.37	-1.58241	0.96987
		15	28.93	0.119706	0.98127
		20	36.57	1.605958	0.96702

据表 2.16，钛粉在燃烧阶段最合适的机理函数为 $\left(1-\dfrac{2\alpha}{3}\right)-(1-\alpha)^{2/3}$，微米钛

粉活化能的平均值为 180.12kJ/mol，指前因子自然对数的平均值为 14.2min^{-1}；纳米钛粉活化能的平均值为 59.53kJ/mol，指前因子自然对数的平均值为 1.78min^{-1}。微米镁粉第一增重阶段最合适的机理函数为 $\left[-\ln(1-\alpha)\right]^{1/2}$，活化能的平均值为 525.92kJ/mol，指前因子自然对数的平均值为 72.19min^{-1}。

据表 2.17，纳米钛粉在第二增重阶段最合适的机理函数为 $\left(1-\dfrac{2\alpha}{3}\right)-(1-\alpha)^{2/3}$，

活化能的平均值为 13.02kJ/mol，指前因子自然对数的平均值为-4.46min^{-1}；微米镁粉在第二增重阶段最合适的机理函数为 α^2，活化能的平均值为 29.96kJ/mol，指前因子自然对数的平均值为-0.05min^{-1}。

3. 氮气气氛下金属粉尘的反应活化能计算

图 2.28～图 2.30 分别是以微米钛粉在氮气气氛下的反应为例，采用 KAS 法、Ozawa 法和 Friedman-Reich-Levi 法得到的质量转化率 0.1～0.9 的拟合曲线，计算得到的活化能及相关度分别如表 2.18 所示。

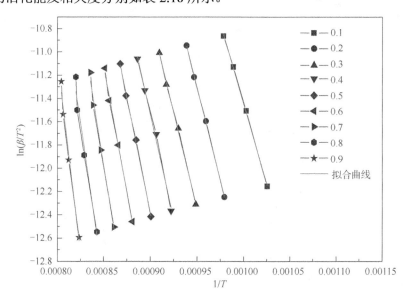

图 2.28　微米钛粉在氮气气氛下转化率与对应的拟合曲线（KAS 法）

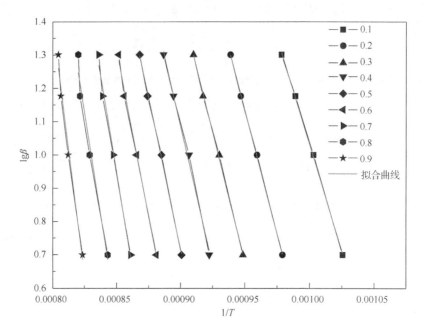

图 2.29　微米钛粉在氮气气氛下转化率与对应的拟合曲线（Ozawa 法）

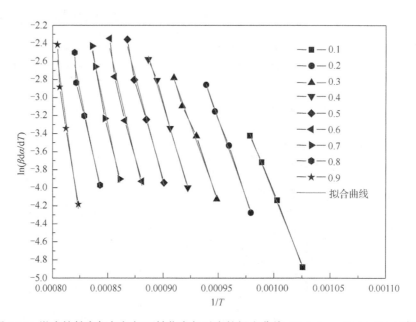

图 2.30　微米钛粉在氮气气氛下转化率与对应的拟合曲线（Friedman-Reich-Levi 法）

表 2.18　空气气氛下金属粉尘基于 KAS 法、Ozawa 法、Friedman-Reich-Levi 法的计算结果

金属样品	转化率 α	KAS 法		Ozawa 法		Friedman-Reich-Levi 法	
		活化能 E_a/(kJ/mol)	相关度 r	活化能 E_a/(kJ/mol)	相关度 r	活化能 E_a/(kJ/mol)	相关度 r
微米钛粉	0.1	228.78	0.99885	233.33	0.99904	258.12	0.99818
	0.2	265.95	0.99932	269.38	0.99941	288.21	0.99645
	0.3	276.05	0.99801	279.51	0.99826	281.45	0.9915
	0.4	299.89	0.99311	302.65	0.99393	334.38	0.99472
	0.5	328.10	0.99812	329.87	0.99832	388.35	0.98439
	0.6	365.73	0.99431	366.03	0.99484	431.51	0.97111
	0.7	419.77	0.98409	417.80	0.98544	480.84	0.98475
	0.8	451.42	0.957	448.28	0.96044	493.76	0.95673
	0.9	553.28	0.97501	545.55	0.9767	711.94	0.95048
纳米钛粉	0.1	133.33	0.73597	136.35	0.76726	118.12	0.70312
	0.2	191.89	0.85671	193.32	0.87112	195.60	0.80777
	0.3	253.78	0.90144	252.85	0.90969	268.45	0.94516
	0.4	292.18	0.82781	289.83	0.84053	311.53	0.74817
	0.5	357.23	0.86283	352.12	0.87164	361.29	0.87728
	0.6	364.09	0.6501	359.14	0.67068	370.85	0.56866
	0.7	384.47	0.47214	379.19	0.5	395.82	0.28831
	0.8	442.71	0.87198	435.88	0.87999	426.32	0.81226
	0.9	319.95	0.93827	320.70	0.94412	352.97	0.90092
微米镁粉	0.1	130.97	0.72185	137.35	0.76584	204.97	0.95836
	0.2	144.85	0.94506	150.61	0.95406	183.30	0.00835
	0.3	148.86	0.98213	154.48	0.98487	150.84	−0.004
	0.4	150.32	0.91978	155.96	0.93201	205.74	0.77577
	0.5	193.19	0.95323	196.90	0.95907	353.25	0.99963
	0.6	441.75	0.9717	433.65	0.9734	856.36	0.97046
	0.7	−2610.81	0.73616	−2468.30	0.73544	−985.32	0.47947
	0.8	1302.55	0.59067	1253.24	0.59825	−445.00	0.04961
	0.9	247.13	0.91785	250.06	0.92722	102.50	0.74128

据表 2.18，对于微米钛粉，KAS 法、Ozawa 法和 Friedman-Reich-Levi 法计算的各转化率对应的相关度都很高，说明反应过程较为单一，反应活化能介于 220～720kJ/mol 范围，反应活化能的平均值在 350kJ/mol。对于纳米钛粉，三种方法基本在 0.3、0.9 转化率附近具有较高的相关度，反应的阶段特征较为明显，在转化率为 0.3 时，反应活化能在 252～269kJ/mol，在转化率为 0.9 时，反应活化能在 319～353kJ/mol。对于微米镁粉，Friedman-Reich-Levi 法在各转化率下计算的相关度均较低，不适用镁粉在氮气气氛下的活化能计算。KAS 法和 Ozawa 法的计算结果较为一致，在 0.2～0.6 转化率均有较高的相关度，反应活化能在 140～450kJ/mol 范围内，两种方法计算得出的反应活化能的平均值分别为 215.79kJ/mol 和 218.32kJ/mol。

4. 氮气气氛下金属粉尘的反应机理函数

与空气气氛下金属粉尘的反应机理函数获取方法相同，根据氮气气氛下 TG 曲线中样品的增重趋势，微米钛粉在氮气中氮化增重过程仅有一个增重阶段，纳米钛粉和微米镁粉有两个阶段。采用 Coats-Redfern 积分法对三种金属粉尘各阶段的氮化反应机理函数进行计算的结果如表 2.19 和表 2.20 所示。

根据表 2.19，钛粉在氮化反应第一增重阶段最合适的机理函数为 $[-\ln(1-\alpha)^{1/3}]^2$，微米钛粉活化能的平均值为 302.67kJ/mol，指前因子自然对数的平均值为 22.59min^{-1}；纳米钛粉活化能的平均值为 71.74kJ/mol，指前因子自然对数的平均值为 6.20min^{-1}。微米镁粉在第一增重阶段最合适的机理函数为 $[-\ln(1-\alpha)^{1/3}]^2$，活化能的平均值为 252.66kJ/mol，指前因子自然对数的平均值为 35.91min^{-1}。

根据表 2.20，纳米钛粉在第二增重阶段最合适的机理函数为 $[-\ln(1-\alpha)^{1/3}]^2$，活化能的平均值为 59.48kJ/mol，指前因子自然对数的平均值为 3.69min^{-1}；微米镁粉在第二增重阶段最合适的机理函数为 $-\ln(1-\alpha)$，活化能的平均值为 124.87kJ/mol，指前因子自然对数的平均值为 13.82min^{-1}。

表 2.19 金属粉尘第一增重阶段基于 Coats-Redfern 积分法的计算结果

样品	机理函数	升温速率 $\beta/(K/min)$	活化能 $E_a/(kJ/mol)$	指前因子自然对数 $\ln A/min^{-1}$	相关度 r
微米钛粉	$[-\ln(1-\alpha)^{1/3}]^2$	5	288.97	20.88571659	0.99668
		10	302.87	22.60021747	0.99792
		15	313.91	23.87987311	0.99778
		20	304.92	22.98980075	0.99317
纳米钛粉	$[-\ln(1-\alpha)^{1/3}]^2$	5	65.80	4.392274509	0.99217
		10	74.49	6.330673177	0.97415
		15	70.45	6.856345352	0.98543
		20	76.20	7.228052528	0.98233
微米镁粉	$[-\ln(1-\alpha)^{1/3}]^2$	5	242.96	34.81124	0.91996
		15	123.60	16.4427	0.98028
		20	391.42	56.47115	0.91491

表 2.20 金属粉尘第二增重阶段基于 Coats-Redfern 积分法的计算结果

样品	机理函数	升温速率 $\beta/(K/min)$	活化能 $E_a/(kJ/mol)$	指前因子自然对数 $\ln A/min^{-1}$	相关度 r
纳米钛粉	$[-\ln(1-\alpha)^{1/3}]^2$	5	60.08	3.141901691	0.92534
		10	56.30	3.18880173	0.95088
		15	61.65	4.135478655	0.94348
		20	59.87	4.297057965	0.95589
微米镁粉	$-\ln(1-\alpha)$	5	135.26	15.02358	0.97237
		15	126.08	14.0361	0.99159
		20	113.26	12.39563	0.99111

5. 空气及氮气气氛下金属粉尘的反应过程分析

根据空气气氛下微米钛粉的反应动力学参数计算结果，KAS 法和 Ozawa 法所计算出的活化能只有在转化率为 0.7～0.9 范围内对应的相关度较高；Friedman-Reich-Levi 法所计算出的活化能在转化率为 0.6～0.9 范围内所对应的相关度较高。根据三种方法计算活化能的原理，在不同升温速率下，当反应进行到某一转化率时，如果进行的是相同的反应，所计算出的活化能相关度将较高。这说明当转化率达到 0.7 之后，进行的反应相对比较单一，转化率 0.7 之前的反应较为复杂。因为微米钛粉在空气中反应时，由于空气中存在大量的氮气，在反应的前中期会有部分微米钛粉与氮气发生反应，生成钛的氮化物和氮氧化物，只有到反应的后期，才是生成钛的氧化物的反应。相比之下，微米钛粉在氮气中反应时三种方法所计算出的活化能，在各转化率下对应的相关度均非常高。说明在不同的升温速率下，整个反应过程都是非常相似的。微米钛粉在氮气气氛下燃烧时，整个过程只有微米钛粉和氮气的反应，不存在其他的较为复杂的反应。因此，所计算出整个反应过程的活化能的相关度都很高。根据 Coats-Redfern 积分法，计算出的微米钛粉在空气气氛下的反应机理函数为 $\left(1 - \dfrac{2\alpha}{3}\right) - (1 - \alpha)^{2/3}$，氮气气氛下的反应机理函数为 $[-\ln(1 - \alpha)^{1/3}]^2$，这说明不同的气氛环境下发生了不同的化学反应。在空气气氛下，不同升温速率所计算出的活化能数值上有很大的差别，说明微米钛粉在空气中反应时，对温度的敏感度较大，不同的升温速率可以明显影响其活化能的大小。因此，在进行模拟计算时，需要考虑升温速率对活化能的影响；在氮气气氛下，不同升温速率所计算出的活化能数值上差别很小，说明微米钛粉在氮气气氛下的反应对温度的敏感度相对较小。

根据纳米钛粉在空气中的反应动力学计算结果可以得出，KAS 法、Ozawa 法和 Friedman-Reich-Levi 法三种方法所计算出的活化能，在 0.1～0.3 低转化率时相关度较高，反应过程较为单一。整个反应过程分为两个明显的增重阶段，Coats-Redfern 积分法计算出两个不同阶段最概然的机理函数与微米钛粉相同的，都是 $\left(1 - \dfrac{2\alpha}{3}\right) - (1 - \alpha)^{2/3}$，说明粒径的变小并未改变钛粉的化学反应机理。

根据微米镁粉在空气中的反应动力学计算结果可以得出，KAS 法、Ozawa 法和 Friedman-Reich-Levi 法三种方法所计算出的活化能，在 0.2～0.6 转化率范围内相关度较高。整个反应过程分为两个明显的增重阶段，微米镁粉在第一增重阶段，增重到 140.1%。当整个反应结束时，微米镁粉增重到 158.6%。通过计算可以得出第一阶段增重结束时，转化率达到了 0.68，并没有达到颗粒熔融时的转化率 0.7。从前文可知，0.2～0.6 转化率对应的相关度较高，说明微米镁颗粒表面熔融态的出现是两个增重阶段的分界点。同时，微米镁粉在氮气气氛下计算出动力学参数和在空气气氛下的数据相近，这是因为不论微米镁粉在空气气氛下还是在氮气气氛下，其达到熔点的温度都是一样的。不同的是熔融态的镁在空气气氛下反应形成氧化膜，而在氮气气氛下反应形成氮化膜，虽然生成物不同，但是都会抑制内部金属镁的反应，对于不同升温速率下产物的生成具有一定的影响。因此，转化率达到 0.6 之后，所计算出的活化能的相关度都有了明显的降低。

2.3　玉米淀粉的化学反应动力学

玉米淀粉是典型的粮食加工粉尘，与前述煤粉、金属粉尘相比，其有机成分含量较大，且粉尘中粒径较小的颗粒所占比例较高，是威胁粮食及食品加工行业安全生产的主要危险源。

下面以玉米淀粉为例，基于 TG/DTG 曲线分析空气和氮气气氛下食品粉尘的热解、氧化过程，计算其反应动力学参数等。

2.3.1　玉米淀粉的化学反应机理

1. 空气气氛下玉米淀粉的化学反应过程

以图 2.31 中 10K/min 升温速率下的玉米淀粉 TG/DTG 曲线为例，对玉米淀粉在空气气氛下的反应过程进行介绍分析。从图中可以看出，玉米淀粉升温过程质量变化大致分为五个阶段：

（1）25～145℃为第一阶段，该阶段样品出现轻微的失重现象，在 DTG 曲线上显示出一个较小的失重峰。该阶段玉米淀粉中少量水分蒸发、小分子量碳氢化合物及其他杂质的分解导致样品失重[29]。

（2）145～270℃为第二阶段，该阶段样品质量没有明显变化，DTG 曲线的数值几乎为零。该阶段温升尚未达到玉米淀粉的热解温度，只有极少部分的样品分解，并伴有吸气增重。

（3）270～330℃为第三阶段，该阶段 TG 曲线失重现象明显，样品的大部分失重发生在这个阶段，DTG 曲线变化过程加快。该阶段温升已导致样品热解着火，热解引起挥发分的析出和燃烧反应使样品失重，且失重速率较快，在 TG 曲线上表现为明显的曲线降低。

（4）330～540℃为第四阶段，该阶段 TG 曲线同样有明显的失重现象，与第三阶段不同，第四阶段失重较为缓慢，DTG 曲线有一个较小的失重峰。该阶段热解过程基本结束，主要表现为热解碳化产物的氧化燃烧[29]。

（5）540℃之后为第五阶段，该阶段样品经热解氧化几乎完全消耗，TG 曲线与 DTG 曲线几乎水平。

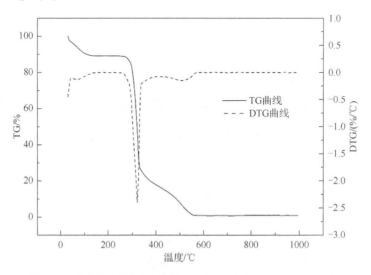

图 2.31　空气气氛下玉米淀粉 TG/DTG 曲线（$\beta = 10\text{K/min}$）

2. 氮气气氛下玉米淀粉的热解过程

图 2.32 为 10K/min 升温速率时玉米淀粉于氮气气氛下的 TG/DTG 曲线。由该图可以看出，玉米淀粉的质量变化大致分为五个阶段：

（1）25～135℃为第一阶段，该阶段 TG 曲线出现轻微的失重现象，在 DTG 曲线上显示出一个较小的失重峰。该阶段主要存在玉米淀粉样品中少量水分的蒸发，以及小分子量碳氢化合物及其他杂质的分解。

（2）135～270℃为第二阶段，该阶段 TG 曲线没有明显的样品质量变化，DTG 曲线的数值几乎为零。该阶段温升尚未达到玉米淀粉的热解温度，只有极少部分的样品分解，并伴有吸气增重。

（3）270～330℃为第三阶段，该阶段 TG 曲线出现明显的失重现象，温升已达到样品中有机成分的热解温度，在 TG 曲线上表现为明显的曲线降低。

（4）330～520℃为第四阶段，该阶段 TG 曲线样品失重速率相对于第三阶段较为缓慢，DTG 曲线中质量变化率逐渐趋于零。该阶段样品中残留的部分木质素及复杂高分子化合物出现热解[30-32]。

（5）520℃之后为第五阶段，该阶段样品经热解氧化几乎完全消耗，TG 曲线几乎不再变化，DTG 曲线中质量变化率也几乎为零。

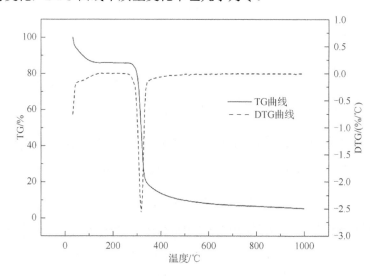

图 2.32 氮气气氛下玉米淀粉 TG/DTG 曲线（β=10K/min）

3. 空气及氮气气氛下玉米淀粉反应过程差异分析

根据上述玉米淀粉在空气及氮气中的五个质量变化阶段可知，玉米淀粉在空气中燃烧和氮气中热解的前两个阶段的反应过程几乎是相同的。根据图2.33，玉米淀粉在空气中反应的第一阶段的失重明显小于在氮气中反应的第一阶段的失重，这说明玉米淀粉在空气中的吸气量大于在氮气中的吸气量，即玉米淀粉对于空气的吸附性明显强于氮气。

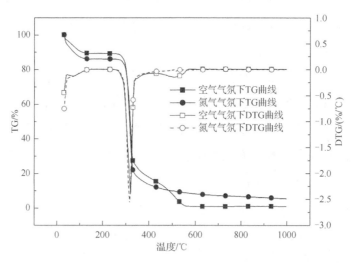

图 2.33　10K/min 升温速率下玉米淀粉在空气及氮气气氛下反应的 TG/DTG 曲线

如图2.33所示，玉米淀粉在空气中反应的第三阶段和在氮气中反应的第三阶段几乎是重合的，说明玉米淀粉在 TG 曲线上发生的变化在空气和氮气中是相同的。由于玉米淀粉在空气中可以热解、着火燃烧，在氮气中仅发生热解。这说明玉米淀粉在空气中燃烧前已经发生了热解，且热解过程和氮气中是相同的，玉米淀粉在热解成挥发分后，才在空气中发生了燃烧反应。

从第四阶段开始，玉米淀粉在空气和氮气中的 TG 曲线就有了很大的不同，空气气氛下的 DTG 曲线出现了第二个失重峰，说明玉米淀粉在分解燃烧后的碳化产物在该阶段发生了二次燃烧；在氮气中反应的 DTG 曲线逐渐趋于平缓，数值上逐渐减为零，说明达到一定温度之后，部分木质素及复杂高分子化合物等难分解成分开始热解，且分解速度较为缓慢。

玉米淀粉在空气中反应的最后一个阶段，TG 曲线几乎是一条直线，而且数值几乎等于零，说明玉米淀粉在空气中可以完全燃烧；在氮气中反应的最后一个阶段，TG 曲线是一条几乎趋于直线但略有下降的斜线，数值上几乎趋于 5%，说明玉米淀粉在氮气中不能完全热解，整个过程因可热解成分逐渐减少，热解失重很低甚至可以忽略不计。

2.3.2　玉米淀粉的化学反应动力学参数

1. 空气气氛下玉米淀粉的化学反应动力学参数

图 2.34～图 2.36 分别是采用 KAS 法、Ozawa 法和 Friedman-Reich-Levi 法时，玉米淀粉在空气气氛下的转化率与对应的拟合曲线，该曲线显示了 $\ln(\beta/T^2)$ 与 $1/T$ 的关系，计算得出各转化率对应的活化能及相关度分别如表 2.21 所示。

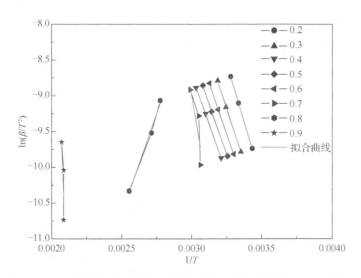

图 2.34　玉米淀粉在空气气氛下转化率与对应拟合曲线（KAS 法）

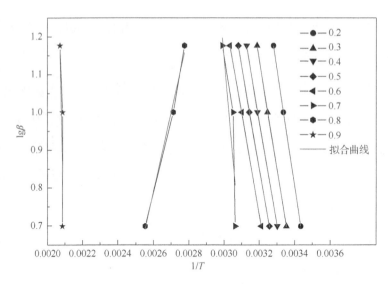

图 2.35　玉米淀粉在空气气氛下转化率与对应拟合曲线（Ozawa 法）

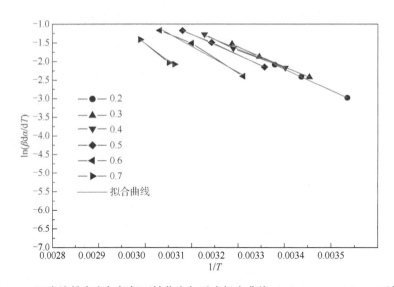

图 2.36　玉米淀粉在空气气氛下转化率与对应拟合曲线（Friedman-Reich-Levi 法）

表 2.21　空气气氛下玉米淀粉基于 KAS 法、Ozawa 法、Friedman-Reich-Levi 法的计算数据

样品	转化率 α	KAS 法		Ozawa 法		Friedman-Reich-Levi 法	
		活化能 E_a/(kJ/mol)	相关度 r	活化能 E_a/(kJ/mol)	相关度 r	活化能 E_a/(kJ/mol)	相关度 r
玉米淀粉	0.2	53.959	0.99999	56.019	0.99998	47.957	0.99999
	0.3	49.621	0.99942	52.017	0.99948	44.098	0.99763

续表

样品	转化率 α	KAS 法		Ozawa 法		Friedman-Reich-Levi 法	
		活化能 E_a/(kJ/mol)	相关度 r	活化能 E_a/(kJ/mol)	相关度 r	活化能 E_a/(kJ/mol)	相关度 r
玉米淀粉	0.4	47.141	0.99957	49.742	0.99962	42.192	0.98927
	0.5	46.167	0.9994	48.887	0.99947	46.061	0.9983
	0.6	45.679	0.9995	48.5	0.99965	57.688	0.97426
	0.7	95.992	0.46279	96.511	0.50553	77.804	0.98203
	0.8	−46.69	0.98683	−38.446	0.98195	−51.424	0.96711
	0.9	410.026	0.06493	397.513	0.08413	21.832	0.0364

如表 2.21 所示，采用 KAS 法、Ozawa 法和 Friedman-Reich-Levi 法对 $\ln(\beta/T^2)$ 与 $1/T$ 的数据关系进行线性拟合时，拟合相关度较高的直线对应的转化率均集中在 0.2～0.6，说明玉米淀粉在该转化率对应的升温阶段反应较为稳定，反应活化能在 45～80kJ/mol，平均值约为 50kJ/mol。

2. 空气气氛下玉米淀粉的化学反应机理函数

根据空气气氛下玉米淀粉 TG 曲线的失重特征，玉米淀粉在 330～540℃的第二失重阶段反应机理比较复杂，同时存在难分解产物的热解与碳化物的表面燃烧，基于单机理函数的 Coats-Redfern 积分法拟合相关度较低。现仅对 270～330℃第一失重阶段进行反应机理分析，分析过程与煤粉相同。根据表 2.22 所示计算结果，玉米淀粉在空气中反应的最合适机理函数是 α^2，活化能的平均值为 62.88kJ/mol，指前因子自然对数的平均值为 21.99min⁻¹。

表 2.22 空气气氛下玉米淀粉基于 Coats-Redfern 积分法的计算数据

升温速率/(K/min)	机理函数	活化能 E_a/(kJ/mol)	指前因子自然对数 $\ln A$/min⁻¹	相关度 r
5		61.847	21.71079	0.97019
10	α^2	64.637	22.67918	0.98993
15		62.165	21.56795	0.98025

3. 氮气气氛下玉米淀粉热解的反应动力学参数

图 2.37~图 2.39 分别是采用 KAS 法、Ozawa 法和 Friedman-Reich-Levi 法的计算分析曲线，计算得出的各个转化率对应的活化能及相关度如表 2.23 所示。

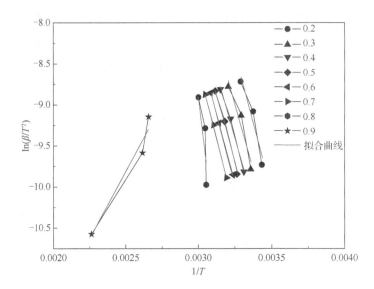

图 2.37 玉米淀粉在氮气气氛下转化率与对应拟合曲线（KAS 法）

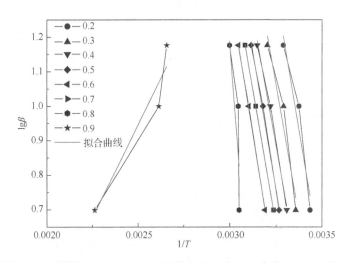

图 2.38 玉米淀粉在氮气气氛下转化率与对应拟合曲线（Ozawa 法）

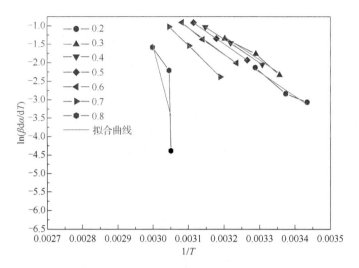

图 2.39　玉米淀粉在氮气气氛下转化率与对应拟合曲线（Friedman-Reich-Levi 法）

表 2.23　氮气气氛下玉米淀粉热解基于 KAS 法、Ozawa 法、
Friedman-Reich-Levi 法的计算数据

样品	转化率 α	KAS 法		Ozawa 法		Friedman-Reich-Levi 法	
		活化能 E_a/(kJ/mol)	相关度 r	活化能 E_a/(kJ/mol)	相关度 r	活化能 E_a/(kJ/mol)	相关度 r
玉米淀粉	0.1	1.139	−0.83539	22.477	−0.44777	2.419	−0.49627
	0.2	55.761	0.85342	57.734	0.87536	53.932	0.93484
	0.3	53.417	0.88164	55.621	0.90062	52.988	0.94906
	0.4	52.462	0.98141	54.786	0.98478	53.253	0.99893
	0.5	55.801	0.98947	58.018	0.99133	56.315	1
	0.6	54.649	0.9997	56.97	0.99977	59.769	0.9961
	0.7	58.441	0.99824	60.642	0.99858	78.915	0.99954
	0.8	127.47	0.34451	126.446	0.38121	310.161	0.07269
	0.9	−27.403	0.91639	−19.598	0.85449	−39.892	0.96722

　　如表 2.23 所示，采用 KAS 法、Ozawa 法和 Friedman-Reich-Levi 法对 $\ln(\beta/T^2)$ 与 $1/T$ 的数据关系进行线性拟合时，拟合相关度较高的直线对应的转化率均集中在 0.4～0.7，说明玉米淀粉在该升温阶段反应较为稳定，反应活化能在 50～80kJ/mol，平均值约为 58kJ/mol。

4. 氮气气氛下玉米淀粉热解机理函数

表 2.24 为采用 Coats-Redfern 积分法获取玉米淀粉热解机理函数的计算结果，计算过程与煤粉相同。玉米淀粉热解过程最合适的机理函数是 α^2，活化能的平均值为 68.08kJ/mol，指前因子自然对数的平均值为 24.28min^{-1}。

表 2.24　氮气气氛下玉米淀粉 Coats-Redfern 积分法计算结果

升温速率/(K/min)	机理函数	活化能 E_a/(kJ/mol)	指前因子自然对数 ln$A$/min^{-1}	相关度 r
5		70.40778	25.3024	0.96939
10	α^2	63.84832	22.64588	0.97402
15		69.97983	24.90405	0.9776

5. 空气及氮气气氛下玉米淀粉化学反应差异分析

根据表 2.21～表 2.23 中四种方法计算的活化能和相关度，可得出在空气气氛下玉米淀粉高相关度转化率集中在 0.2～0.6，该转化率段对应的是空气中玉米淀粉的第一失重阶段，就是前面所提到的单一反应部分。升温速率的改变对于单一反应的影响较小，即虽然升温速率不同，但是当转化率达到某一定值时，反应物所发生的反应是相同的。在氮气气氛中高相关度转化率集中在 0.4～0.7，相较于空气气氛有部分重叠（图 2.40），但整体滞后，说明在玉米淀粉在空气中氧化时伴有氮气气氛下类似的分解过程。

KAS 法、Ozawa 法、Friedman-Reich-Levi 法计算出的玉米淀粉在空气中反应的活化能分别为 49kJ、51kJ、53kJ；在氮气中反应的活化能分别为 55kJ、58kJ、59kJ。通过 Coats-Redfern 积分法所计算出的玉米淀粉在空气和氮气中反应的活化能的平均值分别为 63kJ 和 68kJ。不管是哪种方法所计算出的活化能，玉米淀粉在空气中反应的数值总是低于在氮气中反应的数值。对于过程较为简单的反应，活化能越小其转化为活化分子所需要的能量越少，说明玉米淀粉在空气中的反应相比较于在氮气中的热解更为容易。

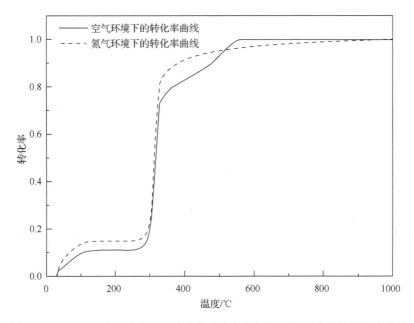

图 2.40　10K/min 升温速率下玉米淀粉在空气与氮气气氛下反应的转化率曲线

2.4　木粉的化学反应动力学

2.4.1　木粉的 TG/DSC 曲线特征

10K/min 升温速率时，木粉在空气和氮气气氛下的 TG/DSC 曲线分别如图 2.41、图 2.42 所示。从图 2.41 中的 TG 曲线可以看出，木粉质量随时间（温度）的变化大致可分为四个阶段：

（1）0～100℃为第一阶段，此阶段木粉有轻微的失重，主要是因为木粉中含有一定的水分，随温度的升高木粉中的自由水慢慢挥发。

（2）100～200℃为第二阶段，此阶段木粉质量没有明显变化，几乎为一条直线，该阶段木粉中的生物质发生解聚及"玻璃化转变"现象。

（3）200～500℃为第三阶段，此阶段木粉质量随温度变化失重较快，为生物质热裂解的主要阶段。该阶段木粉内生物质开始裂解，产生大量小分子气体和大分子挥发分。

（4）500～800℃为第四阶段，此阶段木粉质量缓慢减少，曲线变化较为平缓。该阶段木粉热解氧化完全，只剩余一些残留物的缓慢分解，并在最后生成部分炭和灰分[33,34]。

空气和氮气气氛下的 TG 曲线整体变化趋势较为一致。在氮气气氛下，木粉主要热解发生在 200～360℃，气体成分主要有二氧化碳、一氧化碳、甲烷、酚类和其他烷烃。在空气气氛下，热解过程主要集中在 200～460℃，质量变化分为两个阶段，第一个阶段为初期热解，第二个阶段为燃烧阶段。前期以生成一氧化碳、甲烷、醚类、芳香族类等为主，后期以纤维素裂解产物、木质素裂解产物和木炭的燃烧为主[35]。

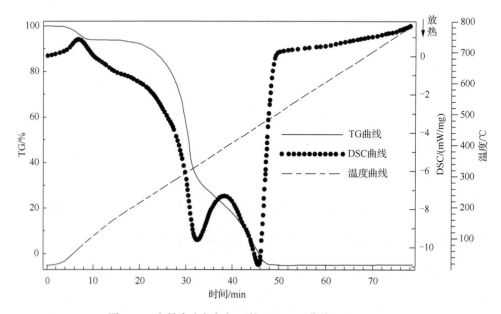

图 2.41　木粉在空气气氛下的 TG/DSC 曲线（10K/min）

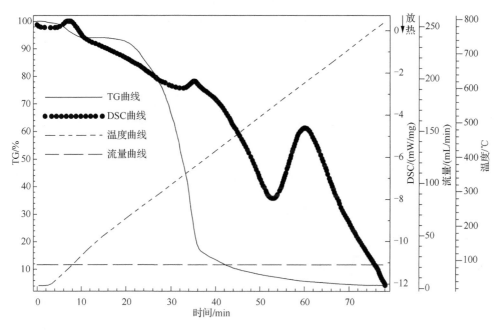

图 2.42　木粉在氮气气氛下的 TG/DSC 曲线（10K/min）

2.4.2　木粉化学反应动力学参数

根据前述基于 TG-DTG 法的着火温度确定方法，木粉的着火温度为 282.1℃，如图 2.43 所示。当木粉发生着火时，其化学反应速率可表示为

$$k = A \cdot \exp\left(-\frac{E_a}{R \cdot T}\right) \tag{2.5}$$

式中，k 为化学反应速率；A 为指前因子；E_a 为活化能；R 为气体常数。需要指出的是，可燃粉尘的化学反应速率除通过 TG/DTG 曲线获取外，也可以通过 20L 球形爆炸测试装置的压力发展曲线获得，具体见文献[36]，在此不再详述。根据该文献中的模型计算方法，木粉化学反应速率表达式中的活化能为 9kJ/mol，不同粒径木粉的指前因子如表 2.25 所示。当活化能相同时，颗粒粒径越小，指前因子越大，化学反应速率越快。

表 2.25　不同粒径木粉的指前因子

粒径/μm	指前因子/[L/(mol·s)]
23.5	12000
42.7	8500
82.5	4000

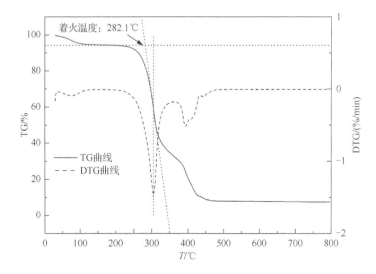

图 2.43　TG-DTG 法定义木粉在空气气氛下的着火温度

参 考 文 献

[1] Zhang Y T, Liu Y R, Shi X Q, et al. Risk evaluation of coal spontaneous combustion on the basis of auto-ignition temperature[J]. Fuel, 2018, 233: 68-76.

[2] Guo L, Zhai M, Wang Z T, et al. Comparison of bituminous coal and lignite during combustion: Combustion performance, coking and slagging characteristics[J]. Journal of the Energy Institute, 2019, 92(3): 802-812.

[3] Ariunaa A, Li B Q, Li W, et al. Coal pyrolysis under synthesis gas hydrogen and nitrogen[J]. Journal of Fuel Chemistry and Technology, 2007, 35: 35-37.

[4] 周静, 龚欣, 郭小雷, 等. 氮气中煤热失重及物理性质研究[J]. 煤炭转化, 2002, 4: 14-16.

[5] 尹艳山, 王泽忠, 田红, 等. 热解温度对无烟煤焦微观结构和脱硝特性的影响[J]. 化工进展, 2015, 6: 1636-1640.

[6] Wang X, Zhai M, Wang Z, et al. Carbonization and combustion characteristics of palm fiber[J]. Fuel, 2018, 227: 21-26.

[7] Labus M, Lempart M. Studies of polish paleozoic shale rocks using FTIR and TG/DSC methods[J]. Journal of Petroleum Science and Engineering, 2017, 161: 311-318.

[8] Pardauil J J R, Souza L K C, Molfetta F A, et al. Determination of the oxidative stability by DSC of vegetable oils from the Amazonian area[J]. Bioresource Technology, 2011, 102: 5873-5877.

[9] Damartzis T, Vamvuka D, Sfakiotakis S, et al. Thermal degradation studies and kinetic modeling of cardoon (Cynara cardunculus) pyrolysis using thermogravimetric analysis (TGA)[J]. Bioresource Technology, 2011, 102: 6230-6238.

[10] Wang C A, Zhang X M, Liu Y H, et al. Pyrolysis and combustion characteristics of coals in oxyfuel combustion[J]. Applied Energy, 2012, 97: 264-273.

[11] 胡荣祖, 史启祯. 热分析动力学[M]. 北京: 科学出版社, 2008: 1-2.

[12] Yiin C L, Yusup S, Quitain A T, et al. Thermogravimetric analysis and kinetic modeling of low-transition-temperature mixtures pretreated oil palm empty fruit bunch for possible maximum yield of pyrolysis oil[J]. Bioresource Technology, 2018, 255: 189-197.

[13] Myers T J. Reducing aluminum dust explosion hazards: Case study of dust inerting in an aluminum buffing operation[J]. Journal of Hazardous Materials, 2008, 159: 72-80.

[14] Wu H C, Kuo Y C, Wang Y H, et al. Study on safe air transporting velocity of nanograde aluminum, iron, and titanium[J]. Journal of Loss Prevention in the Process Industries, 2010, 23: 308-311.

[15] Bouillard J, Vignes A, Dufaud O, et al. Ignition and explosion risks of nanopowders[J]. Journal of Hazardous Materials, 2010, 181: 873-880.

[16] Phuoc T X, Chen R H. Modeling the effect of particle size on the activation energy and ignition temperature of metallic nanoparticles[J]. Combustion and Flame, 2012, 159: 416-419.

[17] Eckhoff R K. Does the dust explosion risk increase when moving from um-particle powders to powders of nm-particles?[J]. Journal of Loss Prevention in the Process Industries, 2012, 25: 448-459.

[18] Eckhoff R K. Influence of dispersibility and coagulation on the dust explosion risk presented by powders consisting of nm-particles[J]. Powder Technology, 2013, 239: 223-230.

[19] Sundaram D S, Puri P, Yang V. Pyrophoricity of nascent and passivated aluminum particles at nano-scales[J]. Combustion and Flame, 2013, 160: 1870-1875.

[20] Yuan C M, Huang D Z, Li C, et al. Ignition behavior of magnesium powder layers on a plate heated at constant temperature[J]. Journal of Hazardous Materials, 2013: 246-247: 283-290.

[21] Schulz O, Eisenreich N, Kelzenberg S, et al. Non-isothermal and isothermal kinetics of high temperature oxidation of micrometer-sized titanium particles in air[J].Thermochimica Acta, 2011, 517: 98-104.

[22] Yu J L, Zhang X Y, Zhang Q, et al. Combustion behaviors and flame microstructures of micro-and nano-titanium dust explosions[J]. Fuel, 2016,181: 785-792.

[23] Krietsch A, Scheid M, Schmidt M, et al. Explosion behaviour of metallic nano powders[J]. Journal of Loss Prevention in the Process Industries, 2015, 36: 237-243.

[24] Mittal M. Explosion characteristics of micron-and nano-size magnesium powders[J]. Journal of Loss Prevention in the Process Industries, 2014, 27: 55-64.

[25] Andrzejak T A, Shafirovich E, Varma A. On the mechanisms of titanium particle reactions in O_2/N_2 and O_2/Ar atmospheres[J]. Prop., Explos., Pyrotech., Pyrotech, 2009, 34: 53-58.

[26] Alexander S, MukasyanSergey G, VadchenkoIgor O, et al. Combustion modes in the titanium-nitrogen system at low nitrogen pressures[J].Combustion and Flame, 1997, 111(2): 65-72.

[27] Yuan C M, Liu K F, Amyotte P, et al. Electric spark ignition sensitivity of nano and micro Ti powder layers in the presence of inert nano TiO_2 powder[J]. Journal of Loss Prevention in the Process Industries, 2017, 46: 84-93.

[28] 王淑兰. 物理化学[M]. 北京: 冶金工业出版社, 2007:2-92.

[29] 张洪铭. 玉米淀粉粉尘火焰传播及热分析动力学特性实验研究[D]. 武汉:武汉理工大学, 2015:10-23.

[30] 金顶峰, 杨潇, 吴盼盼, 等. 多空玉米淀粉热分解反应动力学[J]. 高校化学工程报, 2015, 6: 1372-1376.

[31] Kumar A, Wang L J, Dzenis Y A, et al. Thermogravimetric characterization of corn stover as gasification and pyrolysis feedstock[J]. Biomass and Bioenergy, 2008, 32: 460-467.

[32] Mansaray K G, Ghaly A E. Determination of kinetic parameters of rice husks in oxygen using thermogravimetric analysis[J]. Biomass and Bioenergy, 1999, 17: 19-31.

[33] Grønli M G, Várhegyi G, Blasi C. Thermogravimetric Analysis and Devolatilization Kinetics of Wood[J]. Ind. Eng. Chem. Res, 2002, 41(17): 4201-4208.

[34] Zhang Y, Ji J, Wang Q S, et al. Prediction of the critical condition for flame acceleration over wood surface with different sample orientations[J]. Combustion and Flame, 2012, 159(9): 2999-3002.

[35] Babu B V, Chaurasia A S. Modeling for pyrolysis of solid particle: Kinetics and heat transfer effects[J]. Energy Conversion & Management, 2003, 44(14):2251-2275.

[36] Callé S, Klaba L, Thomas D, et al. Influence of the size distribution and concentration on wood dust explosion: Experiments and reaction modelling[J]. Powder Technology, 2005, 157(1-3): 144-148.

第3章 可燃堆积粉尘的着火特性

3.1 热环境下可燃堆积粉尘的着火特性

3.1.1 热环境下煤与瓦斯混合物的着火特性

煤矿井下煤尘沉积较为常见，通常呈相对稳定的状态堆积在设备设施表面[1-3]。当环境温度升高时，堆积煤尘由于自燃温度较低很可能发生自热着火，并成为引燃瓦斯气体混合物的点火源，如烟煤的自燃温度一般在200℃左右，远低于瓦斯气体的自燃温度530℃，即堆积煤尘对温度的着火敏感性比瓦斯气体要高[4-7]。因此，热环境的温度虽然可能无法直接引燃瓦斯气体，但当环境中有堆积煤尘时，煤颗粒却可能首先自燃，着火的煤颗粒释放大量的热量，进而可能将瓦斯引燃，导致瓦斯/煤尘爆炸事故。

1. 瓦斯气体自燃温度的标准测试方法

可燃气体的自燃温度受压力、可燃气体浓度、氧浓度、容器直径、催化剂等因素的影响。通常情况下压力越高，自燃温度越低。纯氧环境下的自燃温度数值一般低于空气中的测定数值。当量浓度时自燃温度低于燃烧下限浓度或燃烧上限浓度时的测试数值。通常采用当量浓度时的自燃温度作为标准自燃温度[8]，如采用《可燃液体和气体引燃温度试验方法》（GB/T 5332—2007）中的测试装置（图3.1），测试瓦斯/空气混合气9.5%当量浓度下的自燃温度。

根据《可燃液体和气体引燃温度试验方法》（GB/T 5332—2007），自燃温度测试装置通常由加热炉、试验烧瓶（锥形玻璃瓶）、热电偶、样品注入器、计时器、反射镜等构成。加热炉是一个用耐火材料组成的圆柱体，炉膛内径127mm、高127mm。在圆柱体外围沿轴线的垂直方向均匀地缠有功率为1200W的镍铬电阻丝，加热炉上部装有功率为300W的颈部加热器及石棉水泥板圆环盖。通过颈部加热器凸肩与炉体上方固定的石棉水泥板外盘相吻合，加热炉下部装有功率为300W

的底部加热器。使用 3 支热电偶，其中 2 支热电偶安装在颈部加热器下方 25mm 和 50mm 处，另一支置于烧瓶底部的中心处。3 个加热器均能独立地进行温度控制，以使每支热电偶测得的温度在所需试验温度的±1℃范围内。试验烧瓶用以盛装样品，并均匀受热。通常使用体积 200mL 硼硅酸盐玻璃制的锥形烧瓶。样品注入器用于把气体或液体注入试验烧瓶，气体样品采用配有玻璃三通旋塞、阻火器和直角导管的 100mL 注射器注入。图 3.2 为气体样品注入器结构。计时器用来测定引燃延迟时间，要求分度值不大于 1s。为能方便地观察烧瓶内部样品的引燃情况，在烧瓶上方大约 250mm 处安装反射镜。

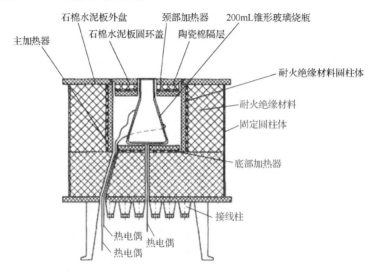

图 3.1　测定自燃温度的加热炉

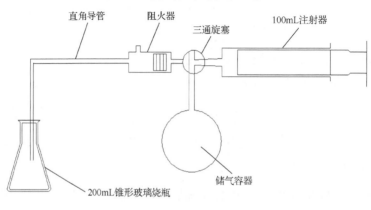

图 3.2　气体样品注入器结构

试验前，先检查电路及注入系统等是否完好，并准备好样品。调节加热炉的温度，使烧瓶达到所要求的温度，并保证其温度均匀。对于气体样品，先将气体样品充满注射器及其连接系统，用试验气体反复冲洗注样系统后，再吸入所需量的气体样品。将直角导管垂直插入烧瓶的中心，以大约 25mL/s 的速度注入气体样品，在注样时尽可能保持速度稳定，然后尽快从烧瓶中抽出直角导管。样品完全注入烧瓶后立刻开动计时器，在暗室里观察烧瓶内是否发生引燃，当出现火焰和（或）爆炸时，应立即停止计时器，记录对应的温度和引燃延迟时间。如没有发生上述现象，到 5min 时停止计时并中止试验，因为这种反应的延迟时间不超过 5min。采用不同温度和待测气体浓度重复试验，把发生引燃时烧瓶的最低温度作为该样品在空气中大气压下的自燃温度。

2. 定制恒温装置中瓦斯气体自燃温度的测试

根据上述基于《可燃液体和气体引燃温度试验方法》（GB/T 5332—2007）的气体样品自燃温度测试原理，为便于测试堆积煤尘存放环境下瓦斯气体的着火特性，本节定制了图 3.3 所示的自制加热系统并对甲烷自燃温度进行了测定[9,10]。当石英恒温管内达到预定的温度并恒定后，用硅酸铝毡保温棉塞将石英恒温管的一端封堵，然后在另一端用 20mL 注射器向石英恒温管中部注入 13mL 纯甲烷气体，使石英恒温管内形成当量浓度 9.5%甲烷/空气混合气，之后观察管内燃烧现象。当出现火焰和（或）爆炸时认为甲烷自燃，记录对应的温度。如 5min 内没有发生上述现象，认为甲烷不能自燃，那么以 5℃或 10℃的步长升高温度，直到甲烷自燃。甲烷混合物在某温度下不能自燃的试验要测试多次（至少 5 次），才能认定该温度下甲烷不能自燃；一旦在某温度下发生自燃，即认为该温度下甲烷可以自燃，然后以 5℃或 10℃的步长降低温度重新试验。把发生甲烷引燃时石英恒温管内的最低温度作为甲烷的自燃温度。

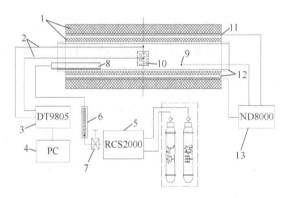

图 3.3　瓦斯与堆积煤尘混合物着火特性测试装置

1. 硅酸铝毡保温棉；2. 温度采集热电偶；3. DT9805 温度采集模块；4. 计算机；5. RCS2000 配气装置；
6. 转子流量计；7. 阀门；8. 可燃气体喷吹管；9. 控温热电偶；10. 煤粉盛放网篮；11. 加热丝；
12. 恒温管壁；13. ND8000 温度控制模块

根据表 3.1 中该装置条件下甲烷自燃温度的测试结果，甲烷的自燃温度为 595℃，该自燃温度与 Welzel[11] 所测定的结果一致，即该定制测试装置可用于测试甲烷等可燃气体的自燃温度，并具有可靠性。图 3.4 为该定制装置内甲烷自燃时的着火现象。

表 3.1　甲烷的自燃温度测试数据

序号	热环境温度/℃	是否着火（Y/N）
1	620	Y
2	610	Y
3	600	Y
4	590	N
5	595	NNY
6	590	NNNNN
7	580	N
8	570	N
9	560	N
10	550	N
11	540	N
12	530	N

注：Y 表示是，N 表示否。

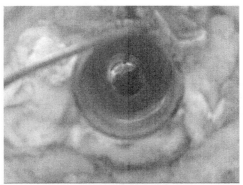

（a）自燃前

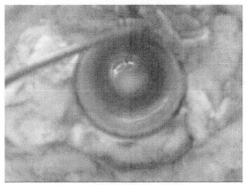

（b）自燃后

图 3.4　甲烷自燃前后的现象

3. 堆积煤尘颗粒引燃瓦斯的着火特性

甲烷的自燃温度为 595℃，即环境温度低于 595℃时的热环境不能直接引燃甲烷。将上述定制装置的环境温度设置在 595℃以下，测试该恒温环境中堆积煤尘时是否可以将内部的瓦斯气体混合物引燃。通过改变煤样、粒径两个条件因素，得到堆积煤尘引燃瓦斯着火的实验数据如表 3.2～表 3.5 所示。

表 3.2　不同粒径褐煤颗粒引燃甲烷的实验结果

煤样	粒径/mm	热环境温度/℃	是否引燃（Y/N）	引燃时环境温度（未引燃环境达到的最高温度）/℃	引燃时煤篮表面温度（未引燃煤篮表面达到的最高温度）/℃	引燃时煤篮中心温度（未引燃煤篮中心达到的最高温度）/℃
褐煤	12	570	Y	572	526	513
		550	Y	550	537	523
		530	Y	531	533	530

续表

煤样	粒径/mm	热环境温度/℃	是否引燃（Y/N）	引燃时环境温度（未引燃环境达到的最高温度）/℃	引燃时煤篮表面温度（未引燃煤篮表面达到的最高温度）/℃	引燃时煤篮中心温度（未引燃煤篮中心达到的最高温度）/℃
褐煤	12	520	NNNNN	524	618	653
		510	N	513	604	642
		500	N	503	609	645
	9	590	Y	593	523	512
		570	Y	571	540	538
		560	Y	562	553	542
		550	Y	553	551	550
		540	NNNNN	543	618	634
		530	N	534	604	646
		520	N	523	601	648
	7	590	Y	592	534	518
		580	Y	582	545	526
		570	Y	571	554	535
		560	Y	563	566	537
		550	NNNNN	553	613	642
		540	N	542	610	676
		530	N	534	607	684
	4	590	Y	592	547	521
		580	Y	583	554	532
		570	NNNNN	573	635	682
		560	N	563	625	678
		550	N	553	619	673
	2	590	Y	593	563	537
		580	NNNNN	582	636	690
		570	N	573	634	674
		550	N	552	621	651
	0.3	590	NNNNN	592	633	703
		580	N	583	630	694
		570	N	574	627	657
		560	N	562	621	642

表 3.3　不同粒径的 1#烟煤颗粒引燃甲烷的实验结果

煤样	粒径/mm	热环境温度/℃	是否引燃（Y/N）	引燃时环境温度（未引燃环境达到的最高温度）/℃	引燃时煤篮表面温度（未引燃煤篮表面达到的最高温度）/℃	引燃时煤篮中心温度（未引燃煤篮中心达到的最高温度）/℃
1#烟煤	12	530	Y	532	512	483
		520	Y	522	516	492
		510	Y	513	511	506
		500	Y	504	512	502
		490	NNNNN	493	638	843
		480	N	483	633	836
		470	N	473	628	803
		460	N	461	602	782
		450	N	452	605	779
	9	550	Y	553	511	491
		540	Y	544	527	507
		535	Y	540	533	513
		530	Y	534	546	526
		520	Y	523	538	524
		510	NNNNN	515	632	823
		500	N	502	623	814
		490	N	493	622	806
		480	N	483	594	796
	7	550	Y	553	519	504
		540	Y	540	520	510
		530	Y	535	529	516
		520	NNNNN	522	638	823
		510	N	513	635	816
		490	N	493	622	804
		480	N	481	613	796
	4	550	Y	550	520	503
		540	Y	542	533	512

续表

煤样	粒径 /mm	热环境 温度/℃	是否引燃 （Y/N）	引燃时环境温度 （未引燃环境达到的最高 温度）/℃	引燃时煤篮表面温度 （未引燃煤篮表面达到的 最高温度）/℃	引燃时煤篮中心温度 （未引燃煤篮中心达到的 最高温度）/℃
1# 烟煤	4	530	NNNNN	530	642	832
		520	N	520	625	814
		510	N	514	622	775
		500	N	502	601	771
	2	570	Y	572	529	505
		560	Y	563	532	502
		550	Y	552	544	510
		540	N	544	639	832
		530	N	532	637	820
		520	N	521	625	820
		510	N	513	612	755
		500	N	501	611	722
	0.3	590	Y	593	524	510
		570	Y	573	531	502
		560	Y	562	543	515
		550	NNNNN	553	658	846
		540	N	542	645	832
		530	N	533	613	792
		520	N	520	603	766

表 3.4　不同粒径的 2#烟煤颗粒引燃甲烷的实验结果

煤样	粒径 /mm	热环境 温度/℃	是否引燃 （Y/N）	引燃时环境温度 （未引燃环境达到的最高 温度）/℃	引燃时煤篮表面温度 （未引燃煤篮表面达到的 最高温度）/℃	引燃时煤篮中心温度 （未引燃煤篮中心达到的 最高温度）/℃
2# 烟煤	12	590	Y	590	542	517
		570	Y	572	556	514
		560	Y	560	573	536
		550	NNNNN	551	621	662
		540	N	543	623	664

续表

煤样	粒径 /mm	热环境 温度/℃	是否引燃 （Y/N）	引燃时环境温度 （未引燃环境达到的最高温度）/℃	引燃时煤篮表面温度 （未引燃煤篮表面达到的最高温度）/℃	引燃时煤篮中心温度 （未引燃煤篮中心达到的最高温度）/℃
2# 烟煤	12	530	N	532	621	653
		520	N	523	606	658
		510	N	512	603	648
	9	590	Y	592	553	526
		580	Y	581	566	533
		570	Y	573	573	542
		560	NNNNN	563	642	664
		550	N	552	641	662
		540	N	543	632	658
		530	N	532	611	643
	7	590	Y	593	558	523
		580	Y	583	563	534
		570	NNNNN	572	611	668
		560	N	563	606	653
		550	N	553	612	662
		540	N	543	611	648
	4	590	Y	593	567	524
		580	NNNNN	582	645	667
		570	N	573	622	660
		550	N	553	617	652
		540	N	542	602	647
		530	N	532	606	641
	2	590	NNNNN	592	643	665
		580	N	583	623	669
		570	N	573	651	667
		560	N	564	633	653
		550	N	553	612	642
	0.3	590	N	593	618	656
		580	N	583	613	645
		570	N	572	593	648
		560	N	563	593	652

表 3.5　　不同粒径的无烟煤颗粒引燃甲烷的实验结果

煤样	粒径 /mm	热环境 温度/℃	是否引燃 （Y/N）	引燃时环境温度 （未引燃环境达到的最高温度）/℃	引燃时煤篮表面温度 （未引燃煤篮表面达到的最高温度）/℃	引燃时煤篮中心温度 （未引燃煤篮中心达到的最高温度）/℃
无烟煤	12	590	Y	592	606	741
		580	NNNNN	583	642	778
		570	N	574	632	762
		560	N	563	614	773
		550	N	553	615	760
	9	590	NNNNN	592	639	784
		580	N	583	623	786
		570	N	574	618	776
		560	N	563	613	763
		550	N	554	619	759
	7	590	NNNNN	591	633	774
		580	N	583	622	762
		570	N	574	639	768
		560	N	562	621	748
	4	590	NNNNN	591	625	763
		580	N	583	622	756
		570	N	572	623	742
		560	N	563	617	758
	2	590	NNNNN	591	635	782
		580	N	583	631	752
		570	N	572	626	748
	0.3	590	NNNNN	592	656	784
		580	N	583	648	756
		570	N	582	632	743

　　根据表 3.2～表 3.5 中的实验结果，恒温环境中褐煤、1#烟煤、2#烟煤和无烟煤堆积表层的最高温度分别可以达到 636℃、658℃、651℃和 656℃，煤篮中心的最高温度可以达到 703℃、846℃、669℃和 784℃，即堆积煤尘表层或中心温度均超过瓦斯自燃温度 595℃。图 3.5（a）是 0.3mm 粒径的 1#烟煤颗粒在 550℃的热环境中采集到的煤篮中心和表面处的温度变化，煤篮中心的最高温度达到 846℃左右，而煤篮表面的最高温度达到 658℃，结果仍未发现瓦斯气体着火。图 3.5（b）

是 0.3mm 的无烟煤颗粒在 590℃的热环境中采集到的煤篮中心和表面处的温度变化,煤篮中心的温度最高达到了 784℃左右,煤篮表面的最高温度达到 656℃左右,实验过程中分别在出现最高温度的这两个时刻向石英恒温管内注入 13mL 甲烷气体,未发现甲烷气体着火。

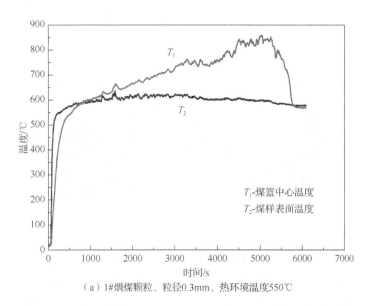

（a）1#烟煤颗粒、粒径0.3mm、热环境温度550℃

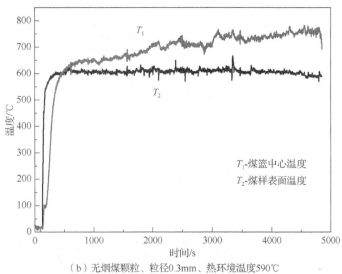

（b）无烟煤颗粒、粒径0.3mm、热环境温度590℃

图 3.5　实验过程中采集的温度变化

当恒温环境温度进一步升高，堆积煤尘热解产生的挥发分发生明焰燃烧时，向石英恒温管内注入 13mL 的甲烷气体，可以看到明显比之前煤粉热解挥发分燃烧更大的火焰，可以认定甲烷被引燃。具体过程如图 3.6 所示。图 3.6（a）为实验开始时，0.3mm 的 1#烟煤颗粒放入到石英恒温管中部时的状态；图 3.6（b）为煤颗粒热解析出挥发分时的状态；图 3.6（c）为挥发分发生均相燃烧时的状态；图 3.6（d）为注入甲烷时，甲烷被引燃的情形。

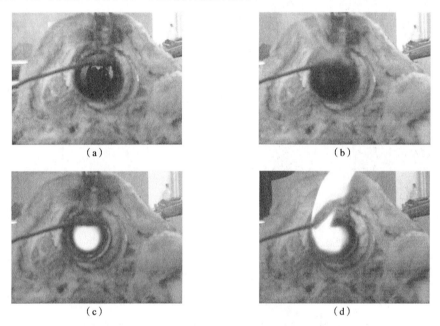

图 3.6　热环境中煤颗粒引燃甲烷的实验过程

上述实验结果可以得出以下结论：

（1）堆积煤尘在一定温度的恒温环境中可发生自燃，且着火时堆积表层温度大于恒温环境温度。

（2）堆积煤尘着火后，堆积表层的局部温度虽可达到瓦斯气体的自燃温度，如果该局部高温区域过小（如远低于标准测试装置中的高温区域面积），瓦斯气体将不能被引燃，即恒温环境中可燃气体发生自燃，受温度和高温面积双重因素的影响。

（3）当恒温环境中堆积煤尘热解析出的挥发分发生达 1000℃以上的明焰燃烧时，该局部明火可引燃喷入的甲烷气体发生着火，虽然此时恒温环境的温度低于甲烷的自燃温度。

（4）当热环境中煤颗粒热解析出的挥发分没能达到明焰燃烧条件时，局部固定碳表面燃烧的高温未能引燃甲烷气体。

4. 煤尘颗粒引燃瓦斯着火的影响因素分析

1）粒径对煤尘颗粒引燃瓦斯的影响

根据图 3.7 中不同粒径煤颗粒引燃甲烷的最低环境温度，褐煤、1#烟煤和 2#烟煤颗粒引燃 9.5%甲烷/空气混合物的最低环境温度都随着煤颗粒粒径的增大而降低。对于无烟煤，只有 12mm 粒径的煤颗粒在 590℃的热环境中将甲烷引燃；0.3mm 和 2mm 粒径的 2#烟煤颗粒在 590℃以下的环境温度可引燃甲烷/空气混合物；褐煤 0.3mm 粒径的颗粒不能在 590℃以下的环境温度引燃甲烷/空气混合物。表 3.6 为煤颗粒引燃甲烷的最低环境温度汇总表。

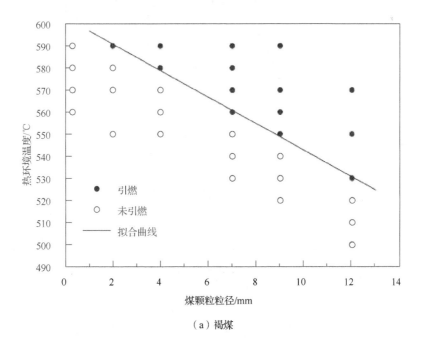

（a）褐煤

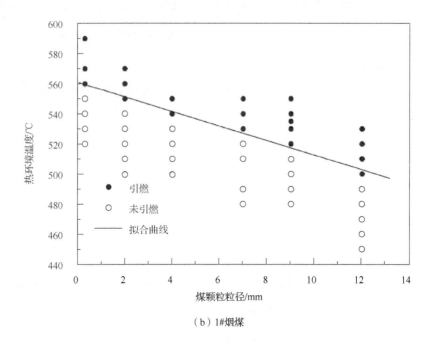

（b）1#烟煤

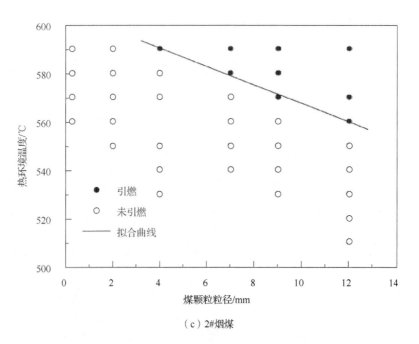

（c）2#烟煤

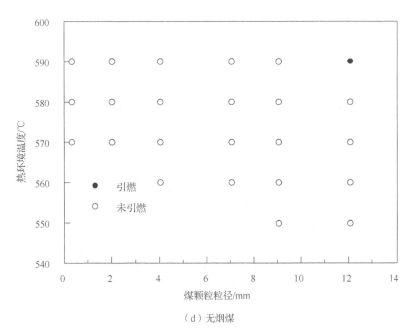

（d）无烟煤

图 3.7　不同粒径煤颗粒引燃甲烷的最低环境温度拟合曲线

表 3.6　　煤颗粒引燃甲烷的最低环境温度　　　　　　　　单位：℃

煤样	粒径/mm					
	0.3	2	4	7	9	12
褐煤	—	590	580	560	550	530
1#烟煤	560	550	540	530	520	500
2#烟煤	—	—	590	580	570	560
无烟煤	—	—	—	—	—	590

注："—"代表该种粒径大小的煤颗粒在595℃以下的热环境中不能引燃甲烷气体

　　上述大粒径堆积煤尘引燃甲烷有更低的环境温度，与其较大的孔隙率有关。孔隙率是指散粒状材料堆积体积中，颗粒之间的空隙体积占总体积的比例。在网篮中堆放煤颗粒时，因为煤颗粒形状不规则，煤颗粒的粒径越大，颗粒之间的孔隙率越大。在热环境中放入盛满煤颗粒的网篮后，空气容易扩散到大粒径煤颗粒的空隙处，煤颗粒堆积的空隙处供氧充足。当大粒径煤颗粒受热析出挥发分时，挥发分与氧在空隙处可混合充分，更易达到着火燃烧所需的浓度。较小粒径堆积煤尘颗粒空隙小、氧气扩散阻力大、供氧贫乏，不易达到着火燃烧的浓度条件。

2）煤样对煤尘颗粒引燃瓦斯的影响

根据表 3.6 中测试结果，相同粒径时，引燃甲烷所需环境温度由低到高依次为 1#烟煤、褐煤、2#烟煤和无烟煤，即煤样是影响煤尘颗粒引燃瓦斯的重要因素。表 3.7 中四种煤样的工业分析和元素分析结果表明，褐煤的水分质量分数最大为 17.63%，其他三种煤样中水分质量分数较褐煤要少得多。1#烟煤中硫元素的质量分数较高，为 1.31%，是褐煤和 2#烟煤硫元素质量分数的近 3 倍，是无烟煤中硫元素质量分数的 24 倍多。

表 3.7　煤样的工业分析与元素分析

序号	煤样	水分/%	灰分/%	挥发分/%	硫元素质量分数/%
1	褐煤	17.63	6.99	47.56	0.44
2	1#烟煤	2.4	10.11	39.97	1.31
3	2#烟煤	8.43	10.69	25.54	0.46
4	无烟煤	5.84	10.53	8.63	0.053

现从挥发分、水分、硫元素质量分数三个重要组分指标，分析讨论煤样对煤尘颗粒引燃甲烷的影响规律。

（1）挥发分的影响。

其他影响因素一定时，挥发分越高，越易发生挥发分的明焰燃烧，引燃瓦斯所要求的热环境温度越低。表 3.7 中无烟煤、2#烟煤和褐煤的挥发分逐渐增高，对应图 3.8 中的着火温度逐渐降低。当煤粒在热环境中被加热至热解温度时，将释放出焦油和气体，形成热解产物焦炭。由焦油和气体构成的挥发分组分复杂，且各组分有着不同的爆炸极限，具体如表 3.8 所示。表 3.8 中所列的部分可燃气体比甲烷有更低的自燃温度、更宽的爆炸极限，如硫化氢的自燃温度比甲烷低 325℃，即硫化氢更易达到着火燃烧的条件。在挥发分析出的过程中，其中的某一种或几种可燃气体挥发分可首先达到着火条件、产生均相燃烧的明火，进而将环境中 9.5%当量浓度的甲烷/空气混合气引燃，即挥发分相对高的煤样更利于引燃甲烷着火。

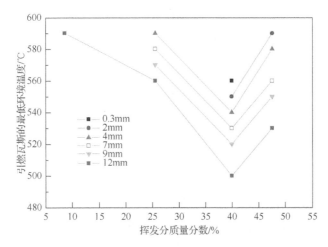

图 3.8　挥发分质量分数与煤颗粒引燃瓦斯的关系

表 3.8　挥发分成分中部分可燃气体燃烧爆炸参数

气体名称	化学分子式	自燃温度/℃	爆炸下限/%	爆炸上限/%
甲烷	CH_4	595	5	15
乙烷	C_2H_6	515	3	12.5
乙炔	C_2H_2	335	1.5	82
乙烯	C_2H_4	425	2.7	28.5
丙烷	C_3H_8	470	2.1	9.5
环丙烷	C_3H_6	495	2.4	10.4
氢气	H_2	560	4	75.6
硫化氢	H_2S	270	4.3	45.5

（2）水分的影响。

根据表 3.7 中成分分析结果，褐煤的挥发分质量分数比 1#烟煤高出 7.59%，但 1#烟煤却比褐煤更易引燃甲烷，原因可能是褐煤有高达 17.63%的水分质量分数，而 1#烟煤仅 2.4%，即水分的增多在加热、汽化过程将吸收更多的热量，使得挥发分得不到足够的能量发生燃烧。

（3）硫元素的影响。

煤中的硫有四种形态，即黄铁矿硫（FeS_2）、硫酸盐硫（$CaSO_4 \cdot 2H_2O$、$FeSO_4 \cdot 7H_2O$）、有机硫及元素硫。其中黄铁矿硫、有机硫及元素硫都是可燃硫，可燃硫占煤中硫分的 90%以上。煤颗粒在 100～300℃时可释放出有机硫，温度上升至 400℃时，有机硫开始分解，热解产物中含有硫化氢、乙烯和碳等低分子化合物。挥发分中的硫化氢质量分数与煤中含硫量基本成正比，且自燃温度很低，易在热环境中发生有机硫的着火燃烧。1#烟煤含有比其他几种煤更高的硫分，硫分中大部分成分为自燃温度很低的可燃硫，使 1#烟煤在热环境中的挥发分更易着火发生均相燃烧，进而引燃甲烷气体。

5. 固定碳表面燃烧引燃瓦斯着火的能力分析

热环境中煤颗粒热解析出挥发分后，煤的燃烧基本上属于固定碳的表面燃烧，此时煤篮中心最高温度可以达到 700~850℃，煤堆表面最高温度也可以达到 650℃左右，比甲烷自燃温度 595℃要高出几十摄氏度，但是仍未能将甲烷引燃。

1）表面燃烧

碳燃烧反应是相当复杂的，分为初级反应和次级反应两个阶段。在初级反应过程中，碳原子与吸附在其表面的氧进行反应，生成碳氧络合物四氧化三碳（C_3O_4），然后该络合物在其他氧分子的撞击下发生离解反应，或在高温条件下发生热解反应，生成二氧化碳和一氧化碳。这些由初级反应生成的二氧化碳和一氧化碳将继续与碳和氧进行后面的次级反应。

次级反应包括一氧化碳的均相燃烧，但是在静止或低速气流中（$Re<100$）[Re为雷诺数（Reynolds number），一种可用来表征流体流动情况的无量纲数]，碳粒燃烧时，其初级反应和次级反应之间的耦合关系受到环境温度的影响，Wicke 与Wurzbacher 的研究表明，当环境温度低于 700℃时，由于初级反应所生成的二氧化碳和一氧化碳温度较低，二氧化碳在碳表面还不能进行还原反应，一氧化碳也不能在空间内与氧气发生燃烧反应，即没有次级反应发生[11]。因此碳粒周围会出现如图 3.9 所示的各成分浓度分布规律，即氧气浓度从环境到碳粒表面呈现递减趋势，而二氧化碳和一氧化碳则由碳粒表面向四周扩散。

在自然通风的正常风流条件下，低温（<700℃）热环境中碳的燃烧不会有一氧化碳的有焰燃烧，也不会出现一氧化碳火焰引燃甲烷的情况。

2）氧浓度

热环境下甲烷的可燃浓度界限虽然会扩宽，但在严重缺氧的情况下甲烷也是不能着火的。固定碳燃烧时的表面温度虽可达到甲烷的自燃温度，但颗粒表面区域氧浓度低于甲烷的极限氧浓度，不可能引燃甲烷气体[12]。根据图 3.9，碳燃烧的表面处不仅氧浓度很低，而且抑制氧化反应的二氧化碳浓度非常高，致甲烷不会被引燃。根据图 3.10 中 Baker 采用烟头作为点火源引燃甲烷的实验结果，点燃的烟头（未吸烟时）中心区域温度虽可达到 750～775℃，但烟头内碳的燃烧消耗氧气使该高温区域几乎没有氧的存在，其他高温区域的氧浓度也达不到 10%[13]。

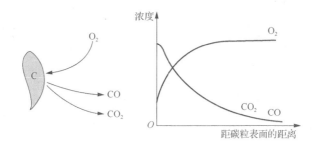

图 3.9　碳粒周围各成分的浓度分布

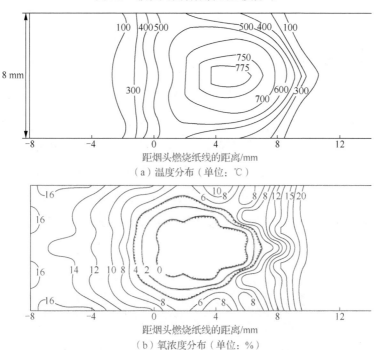

（a）温度分布（单位：℃）

（b）氧浓度分布（单位：%）

图 3.10　烟头燃烧区域的温度和氧浓度分布

3）灰分

根据图 3.11 中灰分对煤颗粒引燃甲烷影响测试结果，煤颗粒在热环境中发生无焰燃烧后，煤颗粒外表面将形成较厚的灰层。当煤粒由外层逐渐向内燃烧时，外层灰分逐渐变成包裹内层煤粒的灰壳，阻碍氧气和甲烷可燃气体向煤颗粒高温的中心区域扩散。同时，灰分的散热消耗了一部分热量，导致碳表面的温度远低于中心温度。如 1#烟煤颗粒中心的温度可达到 800℃，但煤颗粒外侧生成灰壳后，煤颗粒表面的温度仅 600℃左右，煤尘较高的灰分以及燃烧过程灰层的生成不利于煤尘颗粒引燃甲烷。

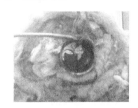

（a）堆积煤尘颗粒无焰燃烧　　　　　　　　（b）无焰燃烧煤尘堆积块的外层灰壳

图 3.11　煤颗粒无焰燃烧表面生成灰分

3.1.2　热环境下潮湿铝粉的自热着火特性

1. 铝粉实验样品

本节所述铝粉为昆山"8·2"事故中轮毂打磨车间的抛光铝粉，其 200 目筛下物如图 3.12（a）所示，与图 3.12（b）所示的纯铝粉在外观特征上有较大差别。图 3.13 所示的扫描电镜微观结构观察进一步表明，相比于表面光滑的球形纯铝粉，抛光铝粉呈不规则多齿形状、比表面积更大，其粒径分布测试结果如表 3.9 所示，中位粒径约为 19μm。图 3.14 为抛光铝粉的成分分析结果，铝元素质量分数为 88%，硅元素质量分数为 10%，铁质量分数和钙质量分数均在 0.5%左右。

（a）抛光铝粉　　　　　　　　　　　（b）纯铝粉

图 3.12　抛光铝粉与纯铝粉

（a）抛光铝粉

（b）纯铝粉

图 3.13 电镜下的抛光铝粉和纯铝粉

表 3.9 抛光铝粉样品粒度分布

粒度	粒径/μm
D3	5.24
D10	7.563
D50	19.143
D90	44.602
D97	59.404
Dav	23.210

SQX 计算结果						
样品：昆山				分析日期：	2014-10-10 16:37	
分析方法：XRF 定性 E-10		模式：厚样		平衡组分		
				匹配库：		
				文件：	1009-29 杨红霞 5	
No.	组分	结果	单位	检测限	元素谱线	强度	w/o 正常
1	Al	88.3480	wt%	0.1139	Al-KA	183.1429	73.9526
2	Si	10.1662	wt%	0.0525	Si-KA	4.7950	8.5098
3	Fe	0.5472	wt%	0.0080	Fe-KA	1.4380	0.4581
4	Ca	0.5022	wt%	0.0059	Ca-KA	0.8171	0.4204
5	S	0.1696	wt%	0.0035	S-KA	0.2012	0.1419
6	Mg	0.1132	wt%	0.0472	Mg-KA	0.3468	0.0948
7	K	0.0807	wt%	0.0120	K-KA	0.1310	0.0676
8	Zn	0.0371	wt%	0.0037	Zn-KA	0.3029	0.0311
9	Cu	0.0356	wt%	0.0055	Cu-KA	0.2172	0.0298

图 3.14 抛光铝粉成分分析界面图

2. 潮湿铝粉自热着火实验装置

潮湿铝粉自热着火是昆山"8·2"铝粉重特大爆炸事故的点火源，其自热着火特性可通过图3.15中测定装置进行测试分析。装置的主体是300mm×300mm×300mm的恒温箱，为潮湿铝粉自热提供恒温条件。箱体结构设有保温层，底部通过电热丝供热至所需箱体温度，内部设有测温K型热电偶。箱体的正上方设有旋转开启的通风口用于内外部气体交换，前方开有观察窗口，用于观察箱体内部物质的发热自燃情况，箱体下部为温度调节控制面板，可设定浴内环境温度和加热时间。该装置作为外部热源为抛光铝粉的自热提供环境条件。待测样品盛放于不同大小的金属网篮容器中，样品自热过程的温度变化通过 DT9805 数据采集器进行采集分析。

（a）恒温箱体　　　　　（b）DT9805 数据采集器　　　　　（c）不锈钢网篮

图 3.15　自热物质发热测定装置

自热实验测试时，首先将抛光铝粉自然堆积至选定容积的金属网篮中，然后将盛有粉尘的金属网篮放入托盘中央位置，最后将托盘连同网篮一起放入恒温箱体中（图 3.16）。网篮中堆积铝粉的温度监测通过连接 DT9805 数据采集器的两支 K 型热电偶进行（图 3.17）。托盘中可以加入水，用于研究受潮工况下抛光铝粉的自热特性。

图 3.16　自热物质发热测定仪内实验环境

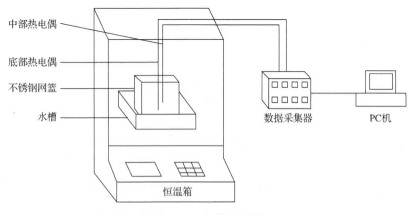

图 3.17　实验原理图

3. 热环境下潮湿铝粉自热着火过程

在 70℃的恒温环境下，堆积厚度约为 100mm 的潮湿抛光铝粉，在 110mm×110mm×110mm 的金属网篮中，经历 22h35min，发生了自热着火且有明显白烟产生，温升过程如图 3.18 所示。在 19h17min，粉尘中部热电偶温度达到 132℃，粉尘上部热电偶处的温度达到 119℃，如图 3.18 所示。从温度变化曲线可以看出，置于恒温箱中的抛光铝粉受恒温箱的加温作用，缓慢升温至环境温度后，温升明显减缓。实验进行至 18h45min 时，堆积粉尘中部热电偶温度突破 100℃，并有持续升温迹象，同时发现在恒温箱上侧，通风口处白烟量也明显增多 [图 3.19（a）]，而后在 20h 左右，粉尘内部温度呈现爆发式的增长，最终在实验开始的第 22h30min，在堆积粉尘上部最先出现了火星 [图 3.19（b）]，之后火星面积和亮度迅速扩大 [图 3.19（c）]，最终出现抛光堆积铝粉的整体燃烧 [图 3.19（d）]。

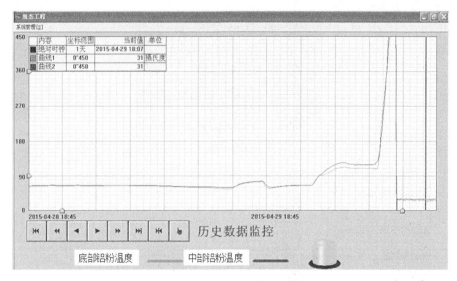

图 3.18　抛光铝粉温度曲线

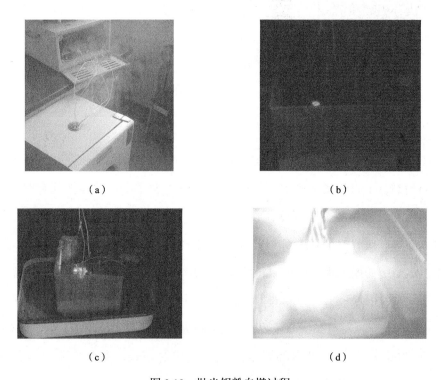

图 3.19　抛光铝粉自燃过程

上述潮湿抛光铝粉的自热自燃过程大体上可以分为三个阶段（图 3.20）。

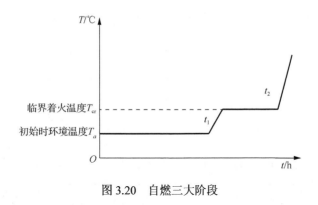

图 3.20　自燃三大阶段

（1）第一阶段：堆积粉尘内部温度无明显变化，为铝水反应诱导期 $0 \rightarrow t_1$。

（2）第二阶段：堆积粉尘内部温度已上升到高于环境温度 60℃ 左右，为着火延滞期 $t_1 \rightarrow t_2$，此阶段抛光铝粉借助铝水反应的热量进入自热升温阶段，抛光铝粉发生不完全燃烧（阴燃），开始有白烟产生同时释放大量热量，产生的热量又进一步促进阴燃的进行。

（3）第三阶段：抛光堆积铝粉上部接近空气的粉尘开始燃烧，并不断蔓延扩大，直至整个堆积粉尘燃烧。

3.1.3　潮湿铝粉自热着火的影响因素分析

1. 恒温环境温度对自热着火的影响规律

在 110mm×110mm×110mm 的金属网篮尺寸下，70℃、80℃ 和 90℃ 抛光铝粉的自热曲线如图 3.21 所示，恒温环境温度越高，抛光铝粉自燃所需时间越短，即更高的环境温度对应更短的反应诱导时间。

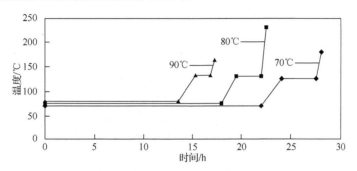

图 3.21　三种环境温度下自燃曲线比较

2. 铝粉受潮尺寸对自热着火所需环境温度的影响规律

金属网篮边长分别为 80mm、110mm、140mm 时，抛光铝粉自热着火的临界环境温度如表 3.10 所示。随着金属网篮底面边长的增加，抛光铝粉与水接触面积增大，抛光铝粉的临界环境温度逐渐降低，即抛光铝粉受潮尺寸越大，发生自燃的可能性越高。

表 3.10　铝粉受潮尺寸对自热着火所需环境温度的影响

受潮尺寸（网篮边长）/mm	自热着火所需环境温度/℃
80	90
110	70
140	65

3.1.4　热环境下干燥铝粉的自热着火特性

1. 热环境下干燥抛光铝粉的自热过程

金属网篮的尺寸为 110mm×110mm×110mm，在 180℃、160℃和 140℃三种恒温环境下干燥抛光铝粉的自热温升曲线分别如图 3.22～图 3.24 所示。从图 3.24 中可以看出，140℃环境温度下，抛光铝粉只经历了两个阶段，即外部热源加热阶段和粉尘自热升温阶段，其中粉尘自热升温阶段维持了约 2h30min，上部粉尘温度达到温度峰值 507℃，随后上下部粉尘同时开始降温，且上部降温速率更快，堆积粉尘未发生自热着火。在 180℃和 160℃恒温环境下堆积粉尘均发生了自热着火。

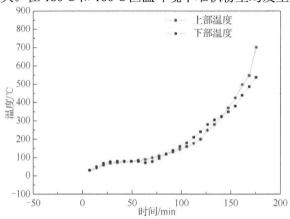

图 3.22　180℃下干燥抛光铝粉自燃过程温度曲线

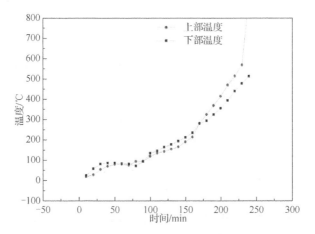

图 3.23　160℃下干燥抛光铝粉自燃过程温度曲线

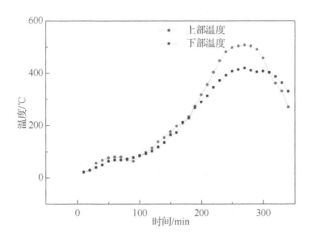

图 3.24　140℃下干燥抛光铝粉自燃过程温度曲线

提取三组不同环境温度下粉尘达到自热升温阶段所用时间［图 3.25（a）］和两只热电偶测温曲线的交点温度［图 3.25（b）］。随着环境温度的升高，抛光铝粉的自热升温阶段所用时间缩短，上下部热电偶测温曲线的交点温度升高，且近似呈线性关系。

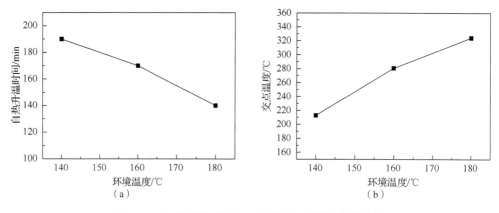

图 3.25 自热升温时间与交点温度随环境温度的变化

2. 热环境下干燥抛光铝粉堆积尺寸对临界着火环境温度的影响

堆积铝粉的厚度为 85mm，通过改变金属网篮底面积大小设置 4 组抛光铝粉的堆积尺寸，各尺寸下堆积铝粉自燃的临界环境温度如表 3.11 所示，着火现象如图 3.26 所示。上述测试结果表明，随着粉尘堆积尺寸的增加（厚度不变，底面积增大），抛光铝粉着火的临界环境温度降低。环境温度越低，抛光铝粉将经历更长的自热时间发生自燃。

表 3.11 实验堆积尺寸

序号	粉尘厚度/mm	底面边长/mm	着火临界环境温度/℃
1		80	165
2	85	110	145
3		140	135
4		170	115

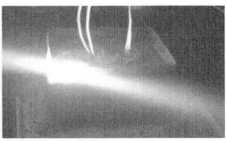

图 3.26 堆积铝粉的自燃过程（底面边长为 110mm）

3.2 热表面作用下可燃堆积粉尘的着火特性

在粉体工业生产过程中，可燃性粉尘由于生产或管理等原因可能沉积在工业设备或管道的表面上，因此层状粉尘的堆积是很难避免的。当堆积表面由于工艺高温或摩擦等原因温度过高时，将成为诱发堆积粉尘着火的点火源，进而导致火灾或爆炸事故的发生。我国 38.71% 的粉尘爆炸事故是由高温热表面诱发粉尘层着火导致的[10]。在德国，17% 的粉尘爆炸事故是粉尘层的表面受热着火诱发的，每年造成的经济损失高达 1.5 亿美元[14]。

接触高温表面时，可燃粉尘与可燃气体着火的难易程度是不同的。底部受热的粉尘层由于顶部粉尘的绝热作用，在热板加热条件下较易发生焖烧自燃，且着火后很难及时发现，极易成为引发火灾和爆炸事故的点火源。例如，烟煤在 235℃时即可发生焖烧自燃，而甲烷自燃温度却高达 537℃。层内堆积粉尘表面受热的着火问题比可燃气体更复杂、影响因素更多。本节以金属粉尘为例，阐述可燃粉尘在高温表面堆积时粉尘层内部的温度变化规律，以及可能导致的层着火风险。

3.2.1 恒温热板作用下堆积粉尘层内温度变化

以表 3.12 所示的 4 种不同粒径的镁粉为实验介质，在图 3.27 所示的热板测试装置条件下，无量纲厚度为 0.2、0.4、0.6、0.8、1.0 处的温度变化如图 3.28 所示。

实验测试时，热板恒定温度为 673K。从实验结果可以看出，粉尘层在受热初始阶段，层内各点温度上升较快。随加热时间的延长，各点温度逐渐达到稳定状态。达到稳定状态时，粉尘层内最高温度均低于镁粉的自燃温度 875K，即各镁粉尘层在 673K 的热板温度下未发生着火。

表 3.12　镁粉粒径分布及物理特性参数

过筛目数目	粒径/μm	激光粒径分布/μm					比表面积/(m²/cm³)	活性镁/%	松装密度/(g/cm³)
		d_3	d_{10}	d_{50}	d_{90}	d_{97}			
>1000	0～10	2	3	6	14	18	0.952	96.34	0.902
200～325	43～74	18	26	47	76	94	0.145	98.62	0.888
100～200	74～147	62	72	104	166	215	0.064	98.85	0.952
50～100	147～288	73	93	173	306	394	0.038	99.02	—

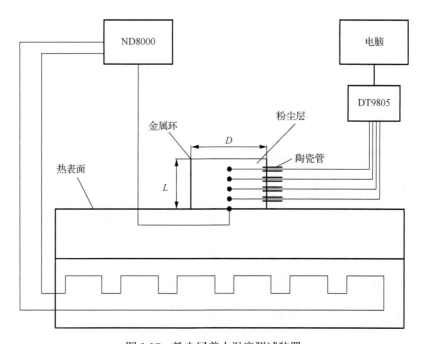

图 3.27　粉尘层着火温度测试装置

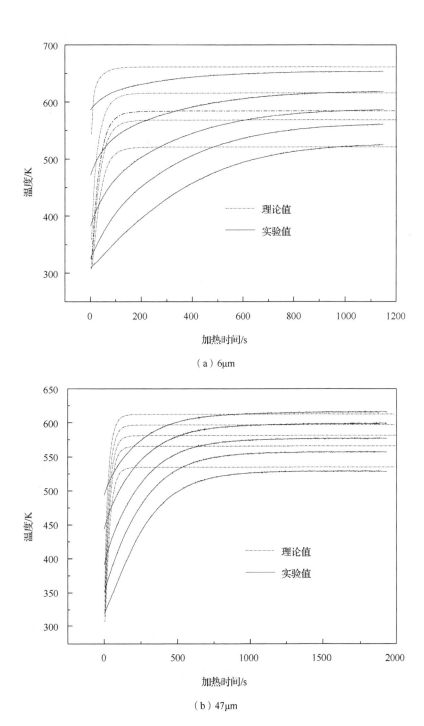

（a）6μm

（b）47μm

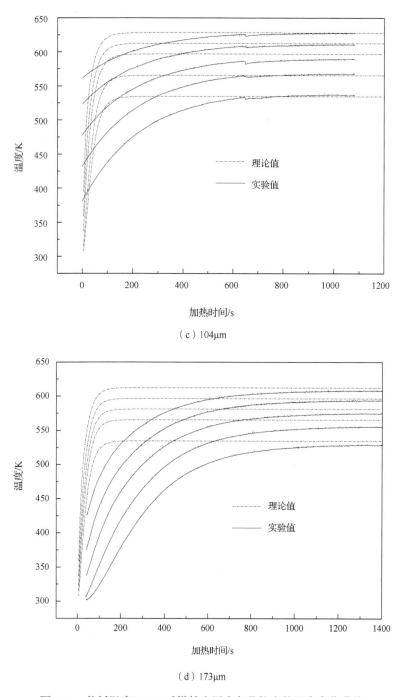

（c）104μm

（d）173μm

图 3.28　热板温度 673K 时镁粉尘层内各监控点的温度变化曲线

3.2.2　粉尘层着火的临界热板温度

1. 理论临界热板温度

当热板温度进一步升高达到临界着火温度时，粉尘层将发生着火现象。理论临界热板温度是通过计算粉尘层内部各点是否发生温度超过金属粉尘燃点的突跃进行确定的，其计算过程见文献[14]。图 3.29（a）、（c）、（e）、（g）为临界未着火时不同中位粒径镁粉的温度变化曲线，图 3.29（b）、（d）、（f）、（h）为临界着火时不同中位粒径镁粉的温度变化曲线。

以 6μm 的镁粉为例，当热板温度为 693K 时，粉尘层受热 600s 即发生了着火，率先发生着火的位置与热板的无量纲距离约为 0.2。热板温度为 692K 时，粉尘层没有发生着火，受热 365.27s 以后粉尘层内部的温度基本达到了稳定状态，与3722.17s 时的温度分布基本相同。根据前述着火判据，6μm 镁粉颗粒临界着火的热板温度为 693K。同理，也可判定其他粒径镁粉临界着火的热板温度。

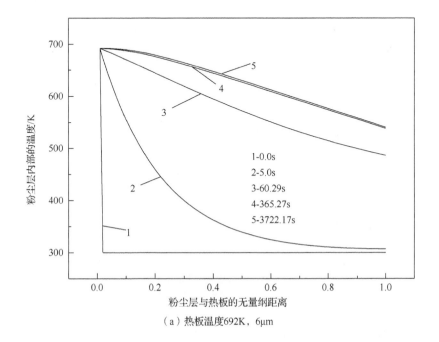

（a）热板温度692K，6μm

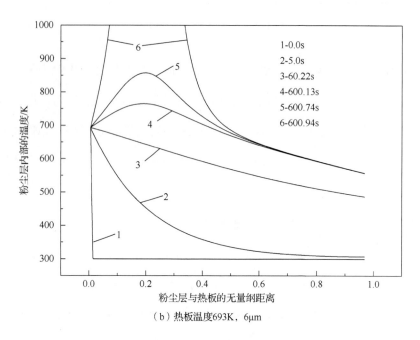

（b）热板温度693K，6μm

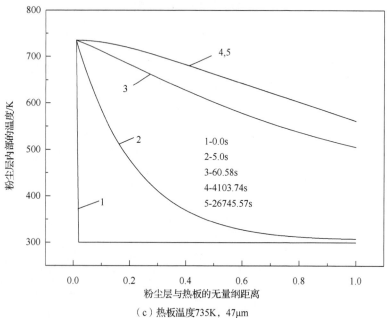

（c）热板温度735K，47μm

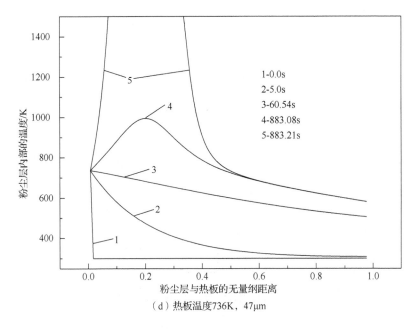

（d）热板温度736K，47μm

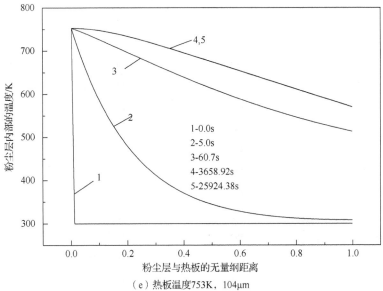

（e）热板温度753K，104μm

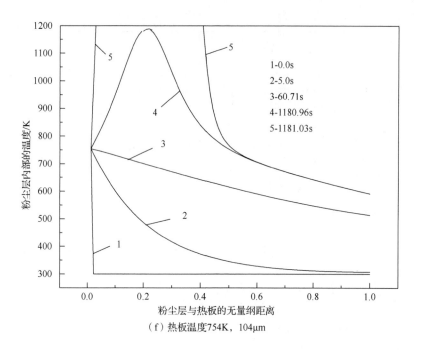

（f）热板温度754K，104μm

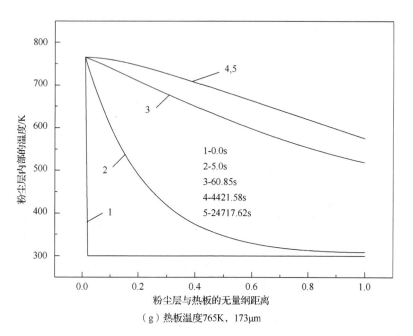

（g）热板温度765K，173μm

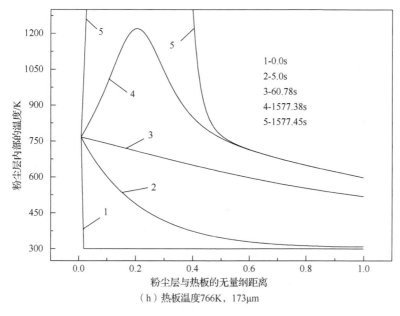

图 3.29　粉尘层内部各点的温度变化

2. 实验临界热板温度

根据图 3.29（b）、（d）、（f）、（h）可知，对于不同粒径的镁粉颗粒，理论上优先着火位置与粒径无关，该点与热板的无量纲距离均为 0.2。为验证上述理论计算的热板温度临界值和优先着火位置，验证过程首先保证粉尘层着火的判据在实验与理论上是相同的，然后根据粉尘层内的温度变化实验验证理论分析结果。实验中，各热电偶等间距地布置在无量纲距离为 0.2、0.4、0.6、0.8、1.0 的点上。

实验过程中发现，临界未着火时，粉尘层内各监控点的温度变化曲线与图 3.28 相同，最终层内各点温度趋于稳定，不会发生温度突变。当发生临界着火时，粉尘层内各监控点的温度变化曲线如图 3.30、图 3.31 所示。由图中可以看出，受热过程中层内各监控点的理论与实验温度变化趋势是一致的。这种一致性可描述为：粉尘层受热一段时间后，各监控点温度逐渐达到稳定状态并保持一段时间，然后温度出现了突升，且温度值超过了镁粉燃点 875K，即发生了着火。

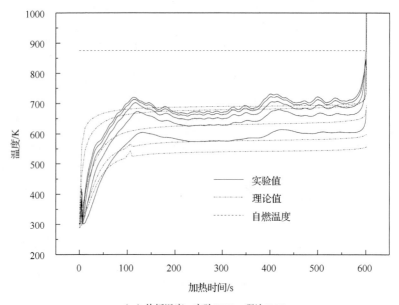

（a）热板温度：实验733K，理论693K

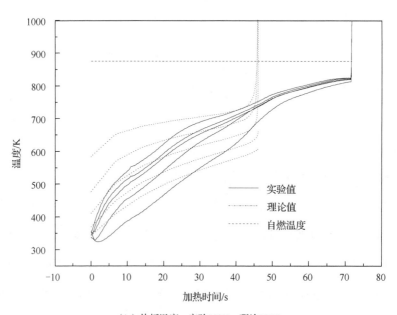

（b）热板温度：实验773K，理论773K

图 3.30　6μm 镁粉着火温度时的理论与实验温度变化曲线

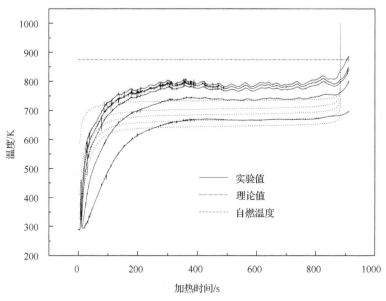

（a）47μm，热板温度：实验753K，理论736K

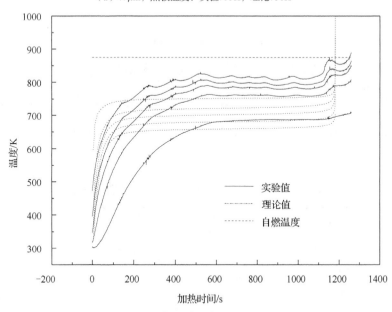

（b）104μm，热板温度：实验773K，理论754K

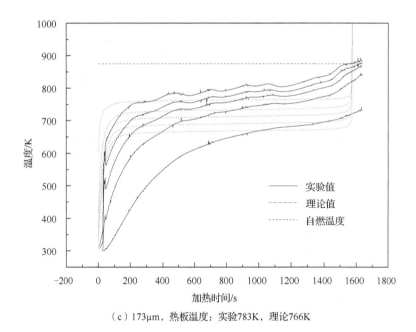

（c）173μm，热板温度：实验783K，理论766K

图 3.31　着火温度时镁粉尘层的温度变化曲线

　　不同粒径镁粉尘层着火的理论及实验热板温度对比结果如表 3.13 所示。由表中数据可以看出，实验值与理论值具有一致性，相对误差小于 10%。同时，根据表中结果，粒径较小的镁粉颗粒有着较大的比表面积，在相同的受热条件下有着较大的化学反应放热速率，从而使粉尘层更易发生着火，着火所需的临界热板温度更低。

表 3.13　空气气氛下不同粒径镁粉尘层的着火温度

中位粒径/μm	实验值/K	理论值/K	相对误差/%
6	733.0	693.0	5.5
47	753.0	736.0	2.3
104	773.0	754.0	2.5
173	783.0	766.0	2.2

3.2.3　堆积粉尘层内着火过程分析

　　根据图 3.30、图 3.31，发生着火时粉尘层内的温度变化过程可分为两个阶段。

第一个阶段与未发生着火时的温度变化相同，在刚开始受热时粉尘层内各点温度上升较快，直至达到稳定温度。第二个阶段为稳定温度保持阶段。经过第二个阶段后，粉尘层内各点温度陆续发生突跃，即发生了着火。第二个阶段稳定状态持续时间的长短与热板温度有关，层内各点温度发生突跃的次序与优先着火的位置有关。

1. 热板温度影响分析

本节以 6μm 镁粉为例，阐述热板温度对层着火过程的影响。在 733K 和 773K 两个不同的热板温度下，镁粉尘层着火过程中实验与理论温度变化如图 3.30（a）、（b）所示。热板温度越高，粉尘层着火发生前稳定状态持续的时间、着火所需的时间均相对较短。例如，733K 临界热板温度时，镁粉尘层发生着火所需时间约为 600s，稳定状态持续的时间约为 500s；当热板温度上升为 773K 时，在 80s 内粉尘层即发生了着火，稳定状态持续的时间仅为 5s。

2. 着火位置敏感性分析

前述分析结果表明，热板加热过程中，层内各点的着火敏感性是不同的。当热板温度较高时，粉尘层内存在一个率先发生着火的位置。对于镁粉尘层而言，该着火位置与热板无量纲距离的理论值为 0.2，并得到了实验验证。以 47μm 的镁粉为例，在 753K 临界热板温度下，无量纲距离为 0.1、0.2、0.3 温度监测点的理论与实验变化规律如图 3.32 所示。从图中着火段放大部分的温度上升曲线可以看出，无量纲距离为 0.2 的点首先发生着火，其次为 0.1 和 0.3 无量纲距离处的点，上述实验结果表明率先发生着火的点既不在粉尘层底部和表面，也不在粉尘层的几何中心，而是位于热板与粉尘层几何中心之间的某一点处。

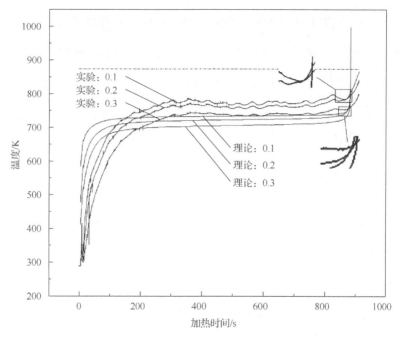

图 3.32　粉尘层温度变化

3. 层着火后的表面燃烧现象

无量纲距离 0.2 处着火开始后，层内各点由下至上依次着火。图 3.33 为粉尘层着火过程的观测结果。从图中可以看出，在热板受热条件下粉尘层底部首先出现着火，一段时间后粉尘层顶部出现着火并逐渐蔓延至整个表面。图 3.34 为粉尘层着火现象的观测结果，粉尘层表面着火后的燃烧现象陈述如下：粉尘层顶部出现着火后，表面火焰波逐渐从起始着火位置蔓延至整个表面，此阶段颗粒燃烧速度较慢，表面火焰的温度相对较低；该阶段的表面燃烧结束后，颗粒的反应放热使粉尘层内颗粒出现熔融，并在此基础上开始气化，反应机制从初始的非均相表面反应转向均相的气化反应，粉尘层表面出现了气相反应产生的耀眼火焰。

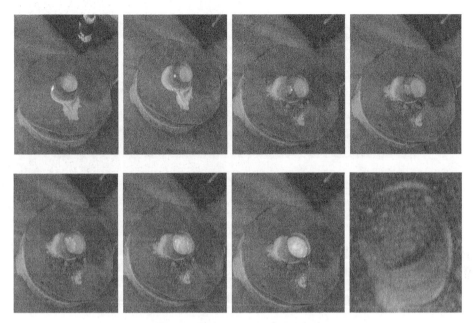

图 3.33　空气气氛下镁粉着火过程

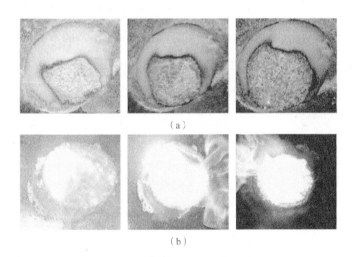

（a）

（b）

图 3.34　镁粉尘层的着火蔓延现象

图 3.35 为着火后镁粉层经沙石淬熄后的形态。从图中可以看出，镁粉表面着火后，镁粉尘层内部均已经着火。

图 3.35　着火后镁粉淬熄后形态

4. 着火敏感点的温度特征

上述的实验研究结果表明，镁粉尘层内存在着火敏感位置。现以 47μm 的镁粉为例讨论该着火敏感位置的温度特征。根据图 3.29（d），刚发生着火时 0.2 无量纲距离处的温度是最大的。在该过程中，层内各点温度梯度变化如图 3.36 所示。与温度变化规律相同，层内各点的温度梯度变化也分为两个阶段。第一阶段依次为曲线 1～5，在曲线 5 时层内各点温度达到稳定状态，梯度为零。随着加热时间的推进，温度梯度进入第二阶段（曲线 6～8）。随着第二阶段加热时间的延长，各点的温度梯度逐渐增加，但温度梯度极值点所在的位置在 0.2 无量纲距离处。

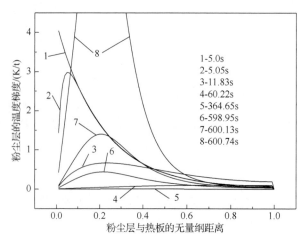

图 3.36　不同位置处的温度梯度（736K，47μm）

5. 粉尘层的内部焖烧现象

热板加热过程中层内出现着火敏感点，说明在粉尘内部首先发生了着火，即发生了粉尘层的焖烧现象，该现象在煤矿生产过程中尤为普遍。焖烧现象出现的本质原因是可燃粉尘的化学反应放热。以镁粉为例，假设金属粉尘的化学反应放热速率很小，化学反应放热速率源项无限小，则粉尘层在热板上的受热问题变成了纯粹的热传导问题。此种情况下，粉尘层内的温度分布如图 3.37 所示。即使在较高的热表面温度时（低于镁粉的着火温度 875K 时），也不会发生层内的温度突变，层内温度分布只可能沿热板表面至粉尘层顶部逐渐降低，不会发生层着火现象。化学反应放热是导致层内焖烧自燃，以及层内着火敏感点出现的根本原因。正是由于可燃颗粒的化学反应放热，当热板温度等于或大于临界着火温度时，该着火敏感点处的化学放热速率远大于其由热传导向相邻粉尘层的散热速率，从而发生了局部热爆炸现象引起温度突变，最终导致着火。

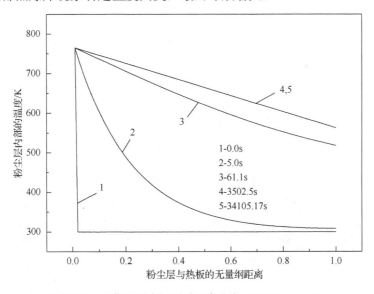

图 3.37　无化学反应源项时温度分布（765K，6μm）

3.2.4　热表面与热环境作用下堆积粉尘的着火特性对比

由于粉体工业生产的复杂性，可燃粉尘在设备热表面或设备热环境中均有可能堆积，两种堆积工况的实验模拟装置分别如图 3.38 和图 3.39 所示。图 3.38 工况下，常见的待测粉尘层厚度有 5mm、12.5mm 和 15mm[15]。实验时，通过热电偶同时测量环境温度、粉尘层内温度和加热表面的温度，当出现下述 3 种情形之一时，视作粉尘层着火：①观测到明火；②粉尘层内温度达到 450℃；③粉尘层内温度超出加热表面温度 50℃以上。实验一直进行至确定一个能使粉尘层发生着火的温度值和一个不能使粉尘层发生着火的温度值，通常这两个温度值相差不到10℃，将能使粉尘层着火的温度记录为着火温度。图 3.39 工况下，常使用体积为125L 的加热箱测量粉尘堆的临界自燃温度，加热箱最高温度可达 300℃。测试时，在加热炉中心放置不同尺寸的筛网，以堆积不同体积的立方体粉尘堆，筛网网格为 10μm，限制粉尘堆的同时不影响氧气扩散。制备粉尘堆时，由上方向筛网内自由倾倒粉尘，筛网顶部开口而底部密封，所测立方体堆积粉尘体积分别为 8cm³、125cm³、343cm³ 和 1000cm³。测试过程中，分别使用置于加热箱和粉尘堆内的热电偶测量环境温度和堆内温度，当粉尘堆内温度超过环境温度 60℃时，认为出现了自发着火；若粉尘堆内温度与环境温度接近，则未发生自发着火。测试样品时，逐渐提高加热炉温度，直到足以获得一个不能引发粉尘着火的最高温度和一个能引起样品着火的最低温度，且两者之间相差不过 5℃。两个温度的中间值被记为给定尺寸立方体粉尘堆的临界自燃温度。

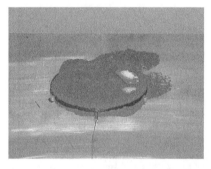

图3.38　厚度5mm金属粉尘层自燃实验示意图　图3.39　加热炉中粉尘堆受热着火实验示意图

　　根据表 3.14 中 14 种可燃粉尘在热表面和热环境作用下的着火测试结果，粉尘层着火温度随着堆积粉尘层厚度的增大而减小；立方体粉尘堆临界着火的环境温度随粉尘堆尺度的增大而减小，且低于粉尘层的着火温度。粉尘堆的自燃与堆内颗粒的放热氧化反应有关。当粉尘储存环境温度高，不利于粉尘堆内缓慢氧化反应发出的热量散失时，堆内能量将逐渐累加导致粉尘堆温度升高，直至着火。粉尘堆临界着火的环境温度可用于可燃粉尘安全工艺参数的设计。

表 3.14　可燃粉尘受热着火特性　　　　　　　单位：℃

粉尘样品	粉尘层着火温度			粉尘堆自发着火温度			
	5mm	12.5mm	15mm	8cm^3	125cm^3	343cm^3	1000cm^3
净化站泥尘	273	—	240	187	147	137	127
小麦粉#1	300	—	270	222	187	147	142
土豆粉	300	280	270	202	172	167	157
碎残渣	280	—	—	202	177	167	157
锌粉	280	—	—	>300	277	262	252
可可粉	270	260	240	187	157	147	137
亚麻粉	340	320	300	227	192	182	172
活性炭粉	>450	>450	>450	>300	292	252	242
小麦粉#2	>450	390	290	222	182	172	162
白木粉	333	—	—	232	197	182	172
沥青木屑	333	—	—	222	187	172	162
小麦粉#3	297	—	—	222	187	177	162
过硫酸盐粉	177	—	—	132	102	97	82
煤粉	—	—	362	222	167	147	132

3.3　炽热颗粒作用下可燃堆积粉尘的着火特性

3.3.1　炽热颗粒类型对粉尘层点火特性的影响

嵌入堆积粉尘层的机械火花是引发粉尘层火灾的常见点火源之一，堆积粉尘一旦被引燃后还存在作为二次点火源引发粉尘爆炸的风险。研究此类点火源的危险时，通常使用模拟热源简化实际工况。现以常见的模拟热源为例，分别阐述常见炽热颗粒作用于粉尘堆中引发层火灾的情形。

1. 激光加热微炽热源

在图 3.40 所示的堆积粉尘着火实验装置中，模拟炽热火花颗粒的光纤顶端涂有一定厚度（<1mm）的铁黑涂层，在激光加热作用下迅速发热，最高温度可达 1100℃，以此模拟高温飞溅的炽热颗粒，整个加热过程可持续 10～20s。将该炽热源置于边长为 5cm 的立方体粉尘堆中心进行点火实验。实验结果表明，煤粉、硫磺、硬脂酸钙和玉米淀粉等典型可燃粉尘的粉尘堆内，临近炽热颗粒处温度仅缓慢上升至高于室温 30℃ 左右，并随着激光加热过程的结束开始降温。冷却后，粉尘堆未出现持续的氧化升温，仅在贴近炽热颗粒处发生粉尘的融化或碳化。实验可燃粉尘中仅木屑堆积粉尘被引燃，出现了自持的阴燃传播，粉尘堆内温度可达 500℃。上述结果表明，虽然炽热颗粒的温度很高，但当尺寸很小、加热时间较短时，其引燃能力很有限。

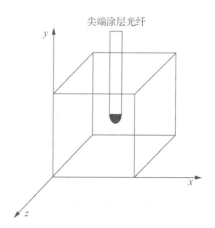

图 3.40　炽热颗粒引燃粉尘堆实验装置

2. 电加热炽热源

将上述激光加热微炽热源替换为直径 2cm 的电加热炽热源，并置于一个边长 10cm 立方体粉尘堆的几何中心时，除木屑外，煤粉、玉米淀粉、生物质残渣等样

品均出现了阴燃或明火。不同于激光加热炽热颗粒，2cm 直径的炽热源表面温度
较低，但加热功率与激光加热类似，均为 1～6W。

　　表 3.15 列出了电加热炽热源引燃可燃粉尘堆的最低温度和相应的加热功率。
尽管该较大尺寸的炽热源能在较低温度有效引燃粉尘堆，但往往需要很长的加热
时间。以玉米淀粉为例，从接触炽热源开始到粉尘堆发生着火之间至少需要
400min 的加热过程。对于硬脂酸钙等受热易熔融的粉尘，在电加热炽热颗粒作用
下点火源附近粉尘将熔化形成坚硬的焦化成分，很难发生着火或阴燃，如采用更
大尺寸直径 1cm、长 4cm 的氮化硅加热棒进行点火实验，硬脂酸钙粉尘堆表面温
度可上升至 500℃ 以上，但仍未出现自持的火焰传播，粉尘堆焦化现象明显。当
堆积粉尘环境温度增加时，引燃粉尘堆所需的炽热源温度将降低，如环境温度从
20℃ 上升至 100℃ 时，引燃粉尘堆的炽热源功率可降低一半左右。当环境温度持
续上升到某一温度时，无须外加炽热源粉尘堆就能自发着火。

表 3.15　炽热源引燃粉尘堆实验结果

粉尘种类	2cm 炽热颗粒最低点火温度/℃	点火功率/W
木屑	203	5.85
煤粉	211	4.9
生物质残渣	238	5.75
玉米淀粉	270	5.8

3. 高温钢球炽热源

1）高温钢球炽热源的火源特性

　　本节所述的 4 种不同尺寸钢球外观如图 3.41 所示，其尺寸及质量列于表 3.16
中。钢球初始高温通过马弗炉加热实现，高温钢球从马弗炉移出至接触可燃粉尘
堆的时间约为 5s，钢球转运过程存在温度衰减，表 3.17 列出了获得钢球预期温度
时需要被加热的初始温度，如 4 号钢球置入粉尘堆的温度为 950℃，则在马弗炉
中需被加热至 1406℃。

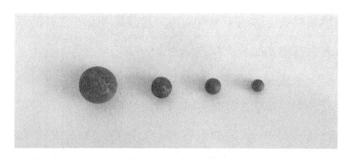

图 3.41　钢球样品图

表 3.16　钢球特征参数

钢球序号	直径 D/mm	质量 m/g
1 号	20	32.7
2 号	12	7.04
3 号	9	2.97
4 号	7	1.4

表 3.17　预期置入状态钢球温度与初始加热温度对照表　　　单位：℃

型号	各种型号钢球初始加热温度						
	350℃	450℃	550℃	650℃	750℃	850℃	950℃
1 号	370	475	580	684	790	—	—
2 号	—	511	631	751	871	991	—
3 号	—	585	714	842	971	1100	—
4 号	—	—	802	953	1104	1256	1406

2）可燃粉尘种类对炽热钢球引燃堆积粉尘着火的影响

（1）有机玻璃粉。

将表 3.18 中 4 种钢球加热至最高温度引燃有机玻璃（polymethyl methacrylate，PMMA）堆积粉尘，观察到两种实验现象。

表 3.18　不同初始钢球温度的衰减　　　单位：℃

型号	各型号钢球温度衰减后平均温度						
	350℃	450℃	550℃	650℃	750℃	850℃	950℃
1 号	326.4	428.4	525	622.8	706.2	—	—
2 号	—	397.2	482.6	568.4	655.2	727	—
3 号	—	333.6	430.4	521.2	560	657.4	—
4 号	—	—	364.8	472.2	516	588.6	637.6

现象一：钢球炽热源置入粉堆内部后，瞬间产生白烟，钢球顶部被粉尘覆盖后浓烟消失，产生刺鼻味道，热源周围变为淡黄色。粉尘堆内置热电偶无升温变化，粉尘堆未被炽热钢球引燃。将粉尘堆剖开内部观察后，发现热源被黑色碳化层包围，黑色碳化层外粉体受热分解呈淡黄色，黑色碳化层阻隔了热源热量的传导，如图 3.42 所示。

现象二：炽热钢球置于粉堆表层，在表层充足氧气供应下表层粉尘瞬间发生明焰燃烧，并伴有少量黑烟及刺鼻味道，最终完全燃烧只残留少量黑色残渣，如图 3.43 所示。炽热颗粒在粉尘堆积表层比嵌入粉尘内部具有更强的引燃能力。

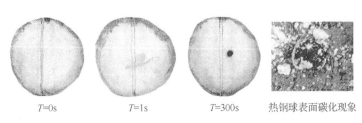

$T=0s$　　　　　$T=1s$　　　　　$T=300s$　　　热钢球表面碳化现象

图 3.42　PMMA 粉内部加入钢球热源

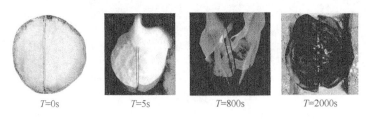

$T=0s$　　　　　$T=5s$　　　　　$T=800s$　　　　$T=2000s$

图 3.43　PMMA 粉表面加入热源

（2）玉米淀粉。

将表 3.18 中 4 种钢球加热至最高温度引燃玉米淀粉堆积粉尘，内置热电偶的测温结果表明内部未发生阴燃。高温钢球嵌入粉尘堆瞬间，产生白色浓烟，嵌入孔洞被粉尘覆盖后，浓烟慢慢减少，粉尘堆表层经过一段时间由热源嵌入位置向外依次变为黑色、黄色和淡黄色。将粉尘堆剖开内部观察后，发现热源周围被 1～2mm 厚的黑色碳化壳包裹，热源周围淀粉受热氧化形成黄色团块，局部碳化呈黑色，碳化壳阻碍了热源热量的传导，如图 3.44 所示。

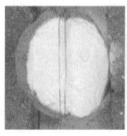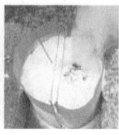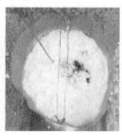

图 3.44　玉米淀粉内部加入钢球热源

（3）褐煤粉。

将表 3.18 中 4 种钢球加热至最高温度引燃具有高挥发分的褐煤，褐煤堆内部未发生可持续的阴燃着火。钢球热源置入煤粉堆内部后，瞬间产生少量白烟，粉堆表层无任何现象。将粉尘堆剖开内部观察后，发现热源周围出现 3～5mm 厚的碳化层。将热源置于粉堆表层，现象与内置工况几乎一致，如图 3.45 所示。

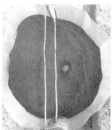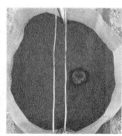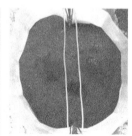

图 3.45　煤粉加入钢球热源

（4）抛光铝粉。

将表 3.18 中 4 种钢球加热至最高温度引燃抛光铝粉，仍未发生内部着火。将 1200℃氮化硅点火棒置入抛光铝粉堆内部，加热约 3min 后拔出，发现铝粉发生剧烈的燃烧，发出耀眼白光，并伴有熔融现象，最终形成黑灰色团块，如图 3.46 所示。结果表明，堆积铝粉着火需要的火源能量较高，一旦被引燃则燃烧速度极快、温度较高，火灾危险性较大。

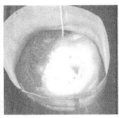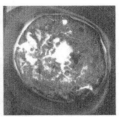

图 3.46　铝粉燃烧

（5）木粉。

木粉相对于上述粉尘，颗粒大、孔隙率高，燃点较低，在 280℃左右。上述炽热钢球置入木粉堆后，可发生持续阴燃[16]。发生阴燃的木粉堆，首先阴燃传播到粉尘堆上表层，并伴有刺激性白烟冒出，然后表层阴燃黑色区域逐渐变大，最终只残留少量灰分，如图 3.47 所示。当炽热火源温度较低或尺寸较小，火源由于能量不足时将很难使木粉发生自持阴燃，如图 3.48 所示。

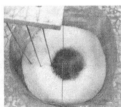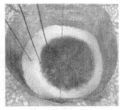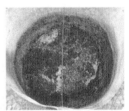

图 3.47　木粉堆成功阴燃

图 3.48　木粉堆未引燃

3.3.2　炽热颗粒作用下粉尘层的阴燃蔓延规律

1. 粉尘层阴燃蔓延测试分析装置

图 3.49 所示实验装置模拟了开敞空间室温环境下，料仓中落入炽热火花颗粒

热源并引燃粉尘发生阴燃的工况。炽热源置入粉尘堆的深度大约 4cm，放入热源后拨拢粉堆将热源完全覆盖。实验过程中热电偶等距离（间距为 2cm）均匀排布到粉堆中，如图 3.50 所示。钢球炽热源嵌入粉尘堆后温度将逐渐降低，为非恒温类炽热源。当采用恒温嵌入炽热源进行层着火的实验时，需采用图 3.51 所示的实验装置，该装置的点火源为表面温度可控的氮化硅。当将图 3.49 和图 3.51 中粉尘堆移至图 3.52 所示的恒温箱中，则可开展不同堆积温度环境下的层引燃蔓延实验。

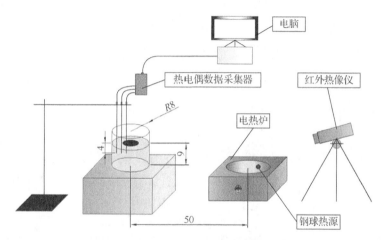

图 3.49　钢球引燃木粉实验装置（单位：cm）

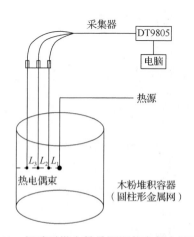

图 3.50　钢球引燃木粉堆测温热电偶布局示意图

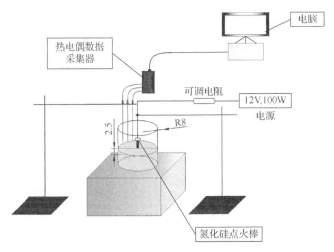

图 3.51 恒温热源作用下木粉阴燃实验装置

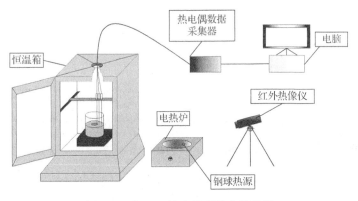

图 3.52 恒温环境木粉阴燃实验装置

2. 炽热钢球作用下粉尘阴燃蔓延规律

以木粉为例，采用图 3.49 所示实验装置，在 3 号 750℃钢球作用下木粉堆内温度变化如图 3.53 所示。根据图中结果，各温度监控点的温度变化趋势基本一致，温度变化大致分为三个阶段，即着火阶段、稳定传播阶段和熄灭阶段。三个热电偶在稳定传播阶段的高温持续时间依次减少且温度峰值有所差异，是所处位置木粉阴燃时间及散热速率不同导致的。1 号热电偶所处位置靠近利于蓄热的粉堆几何中心，并可持续获得后续阴燃热量，使其温度峰值较高且高温持续时间较长；3 号热电偶处于粉尘堆最外部，氧气扩散阻力小、浓度高，氧化放热反应较快，阴燃温度峰值也较高，但蔓延速度快、高温持续时间短；2 号处于 1 号和 3 号中间，高温持续时间介于上述两者之间。

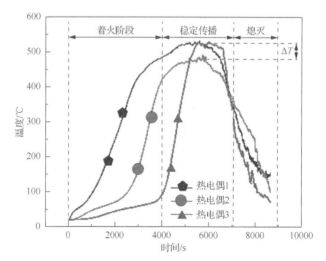

图 3.53　木粉阴燃内部温度变化曲线

1）高温钢球尺寸对木粉阴燃速度的影响

图 3.54 为 4 种不同尺寸热钢球作用下，木粉阴燃前端历经区域 L_1、L_2、L_3 的时间曲线[17]。图 3.55 是在图 3.54 基础上计算得到的各区域平均阴燃速度。由图中可以看出，L_1 区域虽距离热源最近，但由于无预热时间，导致其阴燃历经时间最长、阴燃速度最慢。同时，该区域的阴燃特性受热球尺寸影响最大，热球尺寸越大，能量供给越多，阴燃速度越快[18-20]。

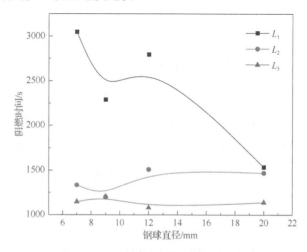

图 3.54　热球尺寸对阴燃时间的影响

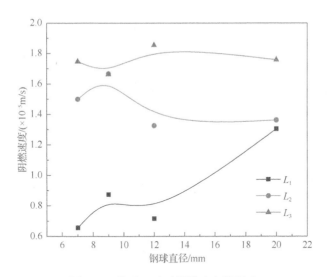

图 3.55　热球尺寸对阴燃速度的影响

距热源相对较远的 L_2、L_3 区域阴燃速度稳定，由于阴燃前端抵达前区域内粉尘已经预热，阴燃历经时间相对较短。与 L_2 区域相比，L_3 区域阴燃前端抵达前不仅预热时间更长且临近粉堆外围氧气扩散阻力更小，致使阴燃历经时间更短、阴燃速度更快[21,22]。

2）高温钢球温度对木粉阴燃速度的影响

在各预热钢球温度（即 650℃、750℃、850℃）下，L_1、L_2、L_3 区域的阴燃历经时间如图 3.56 所示[17]。图 3.57 是在图 3.56 基础上计算得到的各区域平均阴燃速度。热球温度为 550℃时的木粉层内的温度曲线如图 3.58 所示。木粉未发生阴燃着火，阴燃速度为 0。在 650℃及更高的热球温度下木粉发生阴燃着火后，与 L_1 区域相比，L_2、L_3 区域的阴燃历经时间、阴燃速度受热球温度影响相对较小，随着热球温度的增加，阴燃速度均略呈增加趋势。

距离热源最近的 L_1 区域的阴燃特性受热球温度影响较大。尤其热球温度为750℃时，阴燃历经时间最长，阴燃速度最慢。该现象与木粉阴燃时的反应特性有关，热球温度增高时，球体周围木粉热解速率增加，快速析出的热解气体降低了氧化反应的氧浓度，导致阴燃速度降低。当热球温度过高时（如 850℃），火源能量自身的传热、高能量火源作用下快速的化学反应均有利于周围粉尘温度抵达着火温度点，弥补上述氧气浓度驱散对阴燃速度的抑制作用。

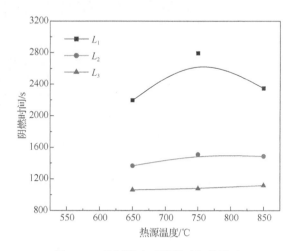

图 3.56　热源温度对阴燃时间的影响

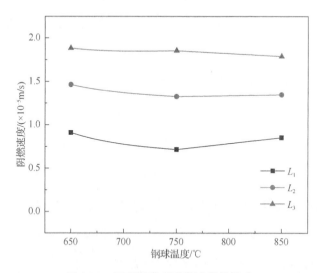

图 3.57　钢球温度对阴燃速度的影响

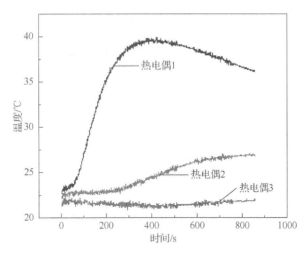

图 3.58　550℃热钢球作用下木粉未着火时的层内温度变化

3）环境温度对木粉阴燃速度的影响

由于地域的区别和生产工艺的不同，可燃粉尘的堆积环境温度也不尽相同，以木粉为介质、2 号 750℃钢球为炽热火源，采用图 3.52 所示的实验装置进行研究。设定恒温环境依次为 20℃、35℃和 50℃，阴燃速度仍根据各位置热电偶的温度变化进行估算。为降低热源对不同区域阴燃速度的影响，将 1 号热电偶去掉，仅保留 2 号和 3 号，空间区域平均阴燃速度则变为 L_1+L_2 和 L_3 区域的阴燃速度。上述各环境温度下木粉堆阴燃速度实验测试结果如图 3.59 所示。由图可以看出，在 L_1+L_2 区域阴燃速度随温度的变化基本保持恒定，相比 L_3 区域相对较小，这主要与点火预热及氧含量有关；在 L_3 区域阴燃速度随着环境温度的增高而加快，总体高于 L_1+L_2 区域，主要原因是经过前一区域的长时间预热及环境温度的升高，阴燃很快达到稳定传播且随着环境温度的升高，靠近粉堆外围的氧气扩散能力逐渐加强，导致其阴燃速度越来越快。

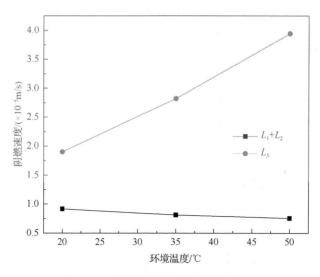

图 3.59　环境温度对阴燃速度的影响

3. 恒温氮化硅热源作用下粉尘阴燃蔓延规律

1）氮化硅热源的火源特性

氮化硅是一种结构陶瓷材料，高温机械强度高、抗热冲击能力强、耐酸碱腐蚀，既具有优良的绝缘性能，又有良好的导热性，能在空气中快速加热到 1000℃ 以上，急剧冷却再急剧加热依然能完整无损。通过调节氮化硅接入电压可获取不同的表面温度。本节所述氮化硅点火棒长 3cm，直径约 7mm，通电状态下棒体实际加热区约前端 1.5cm，如图 3.60 所示。

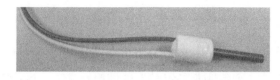

图 3.60　氮化硅点火棒

2）恒温热源温度对木粉阴燃着火特性的影响

在 450℃、550℃、620℃、640℃、675℃ 和 700℃ 等氮化硅热源温度下，阴燃着火前端历经 L_1、L_2、L_3 各空间区域的时间间隔如图 3.61 所示。图 3.62 为据图 3.61 中的时间间隔计算得到的 L_1、L_2、L_3 各空间区域的平均阴燃速度。由图中可以看出，在各热源温度下，距嵌入热源最近的 L_1 区域由于直接遭受热源的热量作用，阴燃时间最短、阴燃速度最高。与 L_1 区域相比，距嵌入热源最远、临近粉堆外表面最近的 L_3 区域，阴燃时间相对较长、阴燃速度相对较低。位于嵌入热源与粉堆表面中心的 L_2 区域阴燃时间最长、阴燃速度最慢。

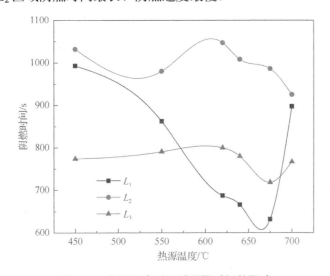

图 3.61 热源温度对区域阴燃时间的影响

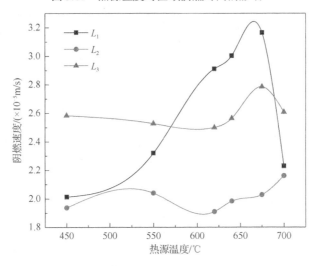

图 3.62 热源温度对区域阴燃速度的影响

不同热源温度下，距离嵌入热源相对较远的 L_2、L_3 区域的阴燃时间、阴燃速度随热源温度的变化较为平缓，受热源温度影响较小，但临近嵌入热源的 L_1 区域受热源温度影响较大。尤其在 640℃ 的热源温度下，该区域的阴燃时间最短、阴燃速度最快。在该热源温度下，临近热源区阴燃速度较快可能与木粉颗粒的反应过程有关[23-25]。热源温度较低时，木粉的热解和氧化放热速率较慢，阴燃速度较低；但当热源温度过高时，临近热源的木粉薄层快速析出较多的一氧化碳、二氧化碳、氢气等挥发分，瞬间"逼"走了临近区域的氧气。同时，在木粉薄层产生热阻较高的燃烧产物，抑制木粉薄层外围木粉传热受热[18-20]。上述两个因素的共同作用，导致即使嵌入热源温度过高，阴燃速度仍然较低[21]。

　　3）热源作用时间对木粉阴燃着火特性影响

　　以热源温度 675℃为例，热源作用时间对 L_1、L_2、L_3 各区域阴燃时间的影响如图 3.63 所示。图 3.64 为热源作用时间对各区域阴燃速度的影响规律。由图中可以看出，热源持续作用时间较短（如 1min）时，木粉由于未能充分受热未能阴燃，即阴燃时间为无穷大。临近嵌入热源的 L_1 区域的木粉一旦充分受热发生阴燃着火后，随着热源作用时间的增加，热源持续的能量供给使阴燃着火时间逐渐降低、阴燃速度逐渐增加；但 L_2、L_3 区域由于远离嵌入热源，阴燃着火时间、阴燃速度随热源作用时间的增加，基本保持恒定，受热源作用时间的影响较小[22-25]。

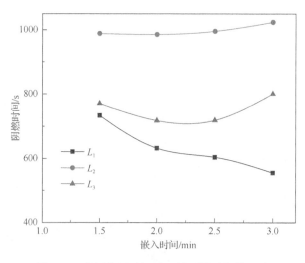

图 3.63　热源作用时间对区域阴燃时间的影响

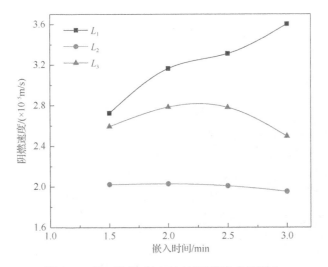

图 3.64　热源作用时间对区域阴燃速度的影响

3.3.3　炽热颗粒作用下粉尘云的着火特性

1. 炽热颗粒作用下垂直振落粉尘云的着火特性

图 3.65 所示的垂直振落粉尘云装置本体是一个长 2m、内径 0.3m 的垂直管，使用振动料斗和螺旋给料装置将可燃粉尘输运至垂直管顶部，然后通过重力沉降形成粉尘云[26]。垂直管下方直径 100mm 的托盘内设有粉尘堆，堆内部被明火引燃后作为垂直振落粉尘云的点火源，堆内部通 50℃热气流以维持某些粉尘堆持续阴燃。表 3.19 列出了实验所用典型粉尘堆积着火后阴燃或明焰燃烧的温度。表 3.20 给出了粉尘堆引燃垂直振落粉尘云的实验结果。当处于阴燃模式时，即使粉尘堆温度很高，甚至远高于振落粉尘云的着火温度，但大多数情况下未观测到粉尘云着火。唯一的特例是将阴燃的奶粉堆扬起时，飞溅的着火团块引燃了石松粉尘云，且阴燃粉尘堆的温度远高于振落粉尘云的着火温度。当粉尘堆出现明火时，即使着火火焰较小，振落粉尘云也可被引燃，如明火温度 730℃的木粉能点燃 MITC 为 600～675℃的蒽醌粉尘云。上述研究结果表明，堆积粉尘在内部阴燃状态下引爆粉尘云的概率较低，只有蔓延至表层出现明火或发光颗粒时粉尘云被点燃发生爆炸的风险才大大增加。

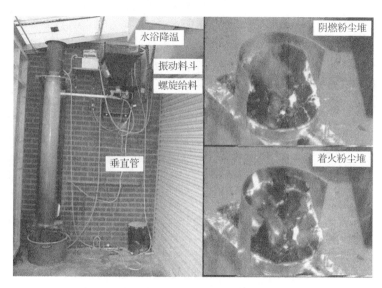

图 3.65　粉尘堆引燃垂直振落粉尘云实验装置

表 3.19　粉尘堆火源温度分布

粉尘种类	燃烧模式	是否 50℃热流加热（Y/N）	温度范围/℃
木粉	阴燃	N	690
木粉	明火	N	730
木粉	阴燃	Y	850～900
伯爵茶细粉	阴燃	Y	800～940
石松	明火	N	650
石松	明火	Y	1056～1173
石松	明火	测温前停止加热	820～850
石松	阴燃	Y	1050
婴儿奶粉	阴燃	Y	950～1000
婴儿奶粉	阴燃	N	700
婴儿奶粉	明火	Y	960
玉米淀粉	阴燃	N	800
玉米淀粉	出现小火堆	Y	830
玉米淀粉	明火	Y	900
煤粉	阴燃	Y	>1170
硬脂酸钙	明火	Y	700
硬脂酸钙	明火	N	900
蒽醌	明火	N	860
热线圈（用于标定）			670～680

表 3.20　粉尘堆引燃粉尘云实验结果

粉尘种类/温度/℃	燃烧模式	粉尘云种类	粉尘云 MIT/℃	是否着火（Y/N）
木粉/690	阴燃	硫磺	280～370	N
木粉/690	阴燃	木粉	480～500	N
木粉/690	阴燃	石松	410	N
木粉/690	阴燃	蒽醌	600～675	N
木粉/730	明火	石松	410	Y
木粉/730	明火	玉米淀粉	450～500	Y
木粉/730	明火	蒽醌	600～675	Y
玉米淀粉/830	明火	玉米淀粉	450～500	Y
蒽醌/860	明火	蒽醌	600～675	Y
茶粉/800～940	阴燃	茶粉	510	N
茶粉/800～940	阴燃	蒽醌	600～675	N
木粉/850～900	阴燃	硫磺	280～370	Y
木粉/850～900	阴燃	石松	410	N
木粉/850～900	阴燃	玉米淀粉	450～500	N
木粉/850～900	阴燃	木粉	480～500	N
硬脂酸钙/900	明火	硬脂酸钙	450～500	Y
奶粉/950～1000	阴燃	石松	410	N
奶粉/950～1000	阴燃被扬起	石松	410	Y
奶粉/960	明火	石松	410	Y
石松/1050	阴燃	石松	410	N
煤粉/>1170	阴燃	石松	410	N
煤粉/>1170	明火	石松	410	Y
煤粉/>1170	阴燃	蒽醌	600～675	N
煤粉/>1170	明火	蒽醌	600～675	Y

2. 高温氮化硅炽热源作用下气流喷吹粉尘云的着火

在图 3.66 所示实验装置中，采用电加热氮化硅（详见 3.3.2 节中氮化硅热源的火源特性部分）模拟机械摩擦产生的炽热源。氮化硅加热棒表面温度分布特征与机械摩擦炽热棒类似，如图 3.67 所示，图中 A、B、C、D 为氮化硅表面从上至下的四个测温点。氮化硅加热棒温度从端头开始逐渐减小，且表面温度稳定。实验装置本体为改进的 Hartmann 管，炽热源位于管道中部，炽热棒温度通过控温电阻调节，并通过红外热像仪实时测温。粉尘云分散形成过程类似于粉尘云最小点火能测试，开敞的中部管体与高速摄像机配合可用于分析粉尘云的火焰传播。

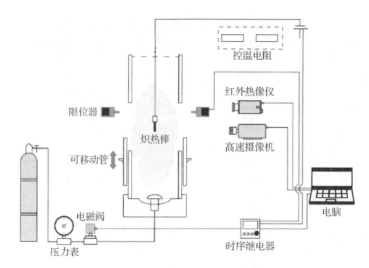

图 3.66　炽热棒引燃粉尘云实验装置

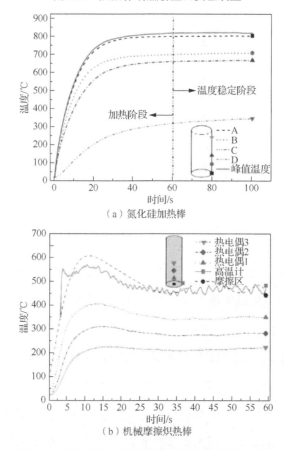

图 3.67　氮化硅加热棒与机械摩擦炽热棒温度对比

表 3.21 为炽热棒引燃 5 种典型可燃粉尘云的实验结果，并列出了粉尘云的 MIE 和 MITC 值。可以看出，炽热棒点燃 3 种非金属粉尘云的温度均在 700℃以上，点燃微米钛粉和纳米钛粉的温度相对较低。对比粉尘云 MIE 发现，粉尘云在炽热棒作用下的着火敏感性与电火花作用下的着火敏感性无直接对应关系。如 PMMA 粉的 MIE 仅为 4mJ，但在炽热棒作用下需 745℃才发生着火，说明炽热棒的点火机制与电火花有较大不同。对比粉尘云 MITC 可知，粉尘云的 MITC 普遍高于炽热棒点火温度，两种测试均为高温热表面点火，但炽热棒的热表面面积远小于测试粉尘云 MIT 时的热表面面积，这是造成炽热棒需要更高温度点燃粉尘云的原因之一。唯一例外的是纳米钛粉，由于其非常活跃的物化特性，两种测试装置的着火温度测试结果较为接近。实验表明，机械摩擦产生的过热表面是引发粉尘爆炸事故的有效点火源，其引燃粉尘的机制与电火花不同，无法用现有粉尘爆炸特性参数（如 MIE 和 MITC）直接表征炽热源点火情形下的危险性。

表 3.21　炽热棒引燃粉尘云实验结果

粉尘种类	炽热棒最低点火温度/℃	粉尘云 MIE/mJ	粉尘云 MITC/℃
玉米淀粉	744	88	470
木粉	717	55	500
PMMA 粉	745	4	430
微米钛粉	586	3	460
纳米钛粉	225	1	240

当粉尘云中火花颗粒点火源尺寸进一步减少，如采用图 3.68 中的高温光纤涂层点火源（直径 1mm，厚度 250～900μm）引燃粉尘云的实验测试结果如表 3.22 所示。从表中可以看出，使用上述小于 1mm 的炽热颗粒引燃粉尘云所需的温度很高，4 种粉尘样品的着火温度超过了 1000℃，远超实际工况下机械摩擦产生的火花颗粒温度。煤粉和硫磺对应的引燃温度较低，但也均远超其 MITC 值。与恒温炽热棒类似，炽热颗粒的点火作用机制与电火花完全不同，与粉尘云 MIE 值没有直接对应关系[27]。如木屑在电火花作用下所需的点火能量仅 10mJ，但被炽热颗粒引燃时颗粒温度需达到 1351℃。

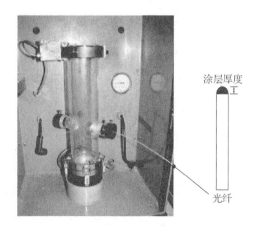

图 3.68　模拟机械火花颗粒实验装置

表 3.22　模拟机械火花颗粒引燃粉尘云实验结果

粉尘种类	炽热颗粒最低点火温度/℃	粉尘云 MIE/mJ	粉尘云 MITC/℃
铝粉	1075	3	600
硬脂酸钙	1214	10	560
煤粉	820	>1000	450
玉米淀粉	1391	100	480
木屑	1351	10	470
硫磺	512	3	280

3.4　电火花作用下可燃堆积粉尘的着火特性

本节以电火花为点火源、金属钛粉粉末惰化混合物为实验介质，阐述电火花作用下层着火的敏感性及着火后的火焰蔓延规律。

3.4.1　电火花的能量估算

电火花的能量一般通过下式估算：

$$E = \frac{1}{2}CU^2 \tag{3.1}$$

式中，C 为电容器的电容（F）；U 为输出电压（V）。

实验研究设定的电火花能量是通过表 3.23 所示的电压和电容组合实现,电火花的最小输出能量可低至 0.5mJ。

表 3.23　电火花能量设定的电压和电容组合

能量/mJ	电压/kV	电容/pF
0.5	10	10
4	10	80
10	10	200
17.5	10	350
25	10	500
30	10	600
83.3	14	850
10000	10	200000

3.4.2　电火花作用下粉尘层着火特性的测试装置

电火花作用下粉尘层的着火特性测试装置如图 3.69 所示。实验测试时,电火花发生器的正负两极分别连接于尖端放电电极以及盛放粉尘层的不锈钢铁板。盛放粉尘层的不锈钢铁板如图 3.70 所示。铁板几何中心放置用于制作粉尘层的圆环,圆环内径为 50mm,厚度为 1mm。实验过程中通过红外热像仪和数码相机记录着火过程。

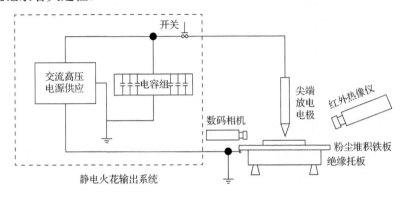

图 3.69　电火花作用条件下粉尘层着火特性测试装置

图 3.70　盛放粉尘层的不锈钢铁板

3.4.3　电火花作用下堆积粉尘的喷溅现象

尖端电极对粉尘层顶部放电时，火花放电瞬间的冲击作用可使层表面放电处的着火颗粒发生喷溅，并在放电处产生凹坑。图 3.71 为能量为 10J 的电火花，作用在 50%粉末惰化的微米钛粉尘层时，引起的粉尘颗粒喷溅过程，整个过程很短，持续不到 3s 的时间。从图中可以看出，着火喷溅的粉尘颗粒沉降在粉尘层表面后，作为炽热点火源引燃了沉降点处的粉尘颗粒。若该炽热点火源的能量较小，颗粒燃尽前未能引燃附近粉尘颗粒，则在沉降点处不能引发可持续的火焰传播。

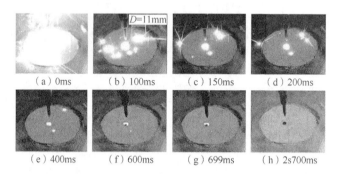

图 3.71　电火花作用在惰化比例为 50%的微米钛粉尘层引起的粉尘喷溅（能量为 10J）

火花放电时引起着火喷溅粉尘颗粒的数量与火花放电能量有关。相较于图 3.71 中 10J 放电能量的引燃工况，图 3.72 中 17.5mJ 电火花作用下，着火喷溅颗粒的喷溅距离、数量、持续燃烧时间等明显减弱，对沉降点处粉尘颗粒的引燃能力也显著降低，未能将纯微米钛粉尘层引燃。当火花能量增加时，着火喷溅颗粒在其沉降点的引燃能力将增强，并在该点引发可持续的火焰传播，但不是所有沉降点的着火颗粒都有该引燃能力，具体如图 3.73 所示。

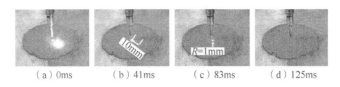

（a）0ms　　　（b）41ms　　　（c）83ms　　　（d）125ms

图 3.72　电火花作用在纯微米钛粉尘层引起的粉尘喷溅（能量为 17.5mJ）

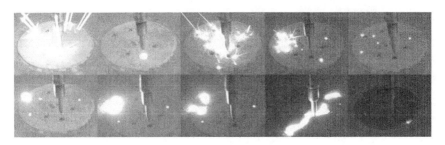

图 3.73　电火花作用在惰化比例为 30%的微米钛粉尘层的粉尘喷溅（能量为 83.3mJ）

3.4.4　电火花冲击产生的粉尘凹坑

电火花作用下粉尘层凹坑大小与火花放电能量、堆积粉尘物理特性等因素有关。表 3.24 列出了粉末惰化的微米和纳米钛粉尘层，在不同能量电火花冲击下的表面凹坑直径。根据表 3.24 中所示结果，对于物理特性相同的粉尘层，无论是否被引燃，作用在粉尘层表面的电火花能量越大，粉尘层表面留下的凹坑直径也越大。当电火花的能量从毫焦级别跃升到焦耳级别时，喷孔的孔径并没有出现较大的跃升。图 3.74 的结果进一步表明，随着电火花能量的增大，受冲击的粉尘层表面的凹坑直径随之增大，但趋势逐渐趋于平缓。对于不同物理特性的钛粉尘层，10J 电火花能量作用下的凹坑直径都在 4～5mm。火花放电能量相同时，粉尘层的堆积密度越小，产生的凹坑直径越大，越易引发着火颗粒喷溅。对于钛粉尘层，在火花放电及颗粒喷溅过程中，可能出现颗粒熔融，如图 3.75所示。

表 3.24　不同能量的电火花作用在钛粉尘层表面留下的凹坑直径

粉尘样品	惰化比例/%	凹坑直径/mm						
		4mJ	10mJ	17.5mJ	25mJ	30mJ	83.3mJ	10000mJ
微米 钛粉	50	—	—	—	—	—	—	3.5
	30	—	—	—	—	1.9	3.4	4.0
	10	—	0	0.7	1.0	—	—	—
	0	0	0	0	0	—	—	—
纳米 钛粉	90	0.9	2.3	—	—	—	—	4.0
	80	1.2	1.8	—	4.4	—	—	4.5
	0	—	—	0	0	0	—	—

注："—"代表没有实验,"0"代表没有明显的凹坑

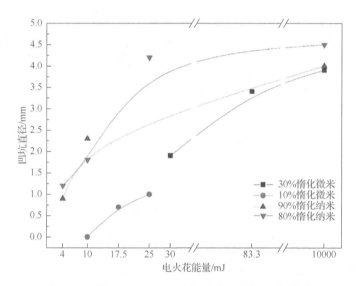

图 3.74　粉尘层表面凹坑直径和电火花能量关系图

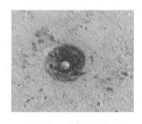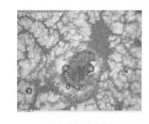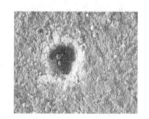

（a）50%微米钛粉　　　　　（b）20%纳米钛粉　　　　　（c）10%纳米钛粉

图 3.75　10J 粉尘层表面凹坑中熔融金属小球

值得注意的是，当可燃粉尘的孔隙率低、堆积密度大、层导电性强时，火花放电通道内空气受热膨胀的程度低，发生颗粒喷溅并出现喷孔的程度小，如图 3.76 中的纯微米钛粉在 4mJ、10mJ 及 17.5mJ 的电火花作用下，均未观察到明显的冲击凹坑痕迹。

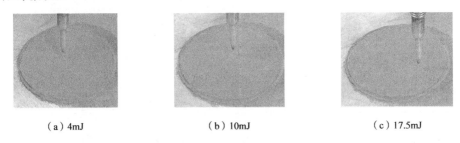

（a）4mJ　　　　　　　　（b）10mJ　　　　　　　　（c）17.5mJ

图 3.76　纯微米钛粉在不同能量的电火花冲击下的表面形貌

3.4.5　层状堆积金属粉尘的最小点火能

最小点火能是能够引起粉尘云或粉尘层着火的最小点火能。它是评估粉尘发生爆炸敏感度的一个重要参数。粉尘层的最小点火能的定量标准通常以某能量电火花作用下粉尘层是否发生持续的火焰传播为依据。图 3.77 为在 25mJ 电火花能量作用下，微米钛粉尘层发生可持续的火焰传播。

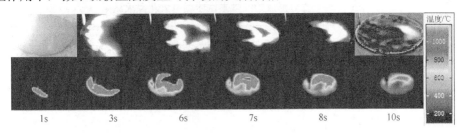

1s　　　　3s　　　　6s　　　　7s　　　　8s　　　　10s

图 3.77　电火花作用下微米钛粉尘层的持续火焰传播（25mJ）

1. 纯微米钛粉尘层的最小点火能

17.5mJ、25mJ、30mJ 三种电火花能量作用下纯微米钛粉尘层的着火情况如表 3.25 所示，纯微米粉尘层的最小点火能在 17.5～25mJ，与微米镁粉尘层（粒径 1～11μm）的最小点火能值 25mJ 接近[28]。相对于微米钛粉、微米镁粉呈云状时 1～3mJ 的最小点火能而言，层状堆积时粉尘层的最小点火能很大，两者着火机制显著不同。同时，对于同一物理特性金属粉尘，层状堆积时的最小点火能也受堆积密度、粉尘表面平整度等因素的影响。图 3.78 中筛分过程自由散落的纯微米钛粉尘层，层表面平整度差，点火能量在 10～15mJ（表 3.26），低于上述表面平整时的最小点火能。

表 3.25　纯微米钛粉尘层在不同能量的电火花作用下点火结果

能量/mJ	点火次数	是否点燃
17.5	10	否
25	3	是
30	1	是

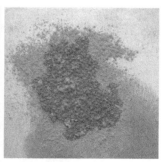

图 3.78　筛分后的纯微米钛粉

表 3.26　筛分形成的纯微米钛粉层电火花点火结果

能量/mJ	点火次数	是否点燃
17.5	1	是
15	3	是
10	10	否

2. 纯纳米钛粉尘层的最小点火能

纳米金属粉末呈云状时的最小点火能低于 1mJ，呈层状堆积时仍具有很强的电火花着火敏感性。在 0.5mJ 火花能量作用下，纳米钛粉尘层首次火花放电即被引燃，且引燃后蔓延速度远大于微米钛粉，整个过程仅 0.04s，如图 3.79 所示。纳米钛粉尘层强电火花着火敏感性与颗粒较大的比表面积、高孔隙率和低堆积密度有关。

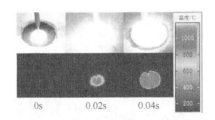

图 3.79　纳米钛粉尘层火蔓延红外热像图（0.5mJ）

3. 微纳米钛混合粉尘层的最小点火能

当微米钛粉尘层中加入 10%的纳米钛粉时，层最小点火能从 17.5～25mJ 降低至 0.5mJ（表 3.27）。即使只加入很小部分的纳米钛粉，电火花作用条件下的微米钛粉尘层的着火特性也会明显增强。这和微米钛粉中加入少量的纳米钛粉后，粉尘云着火温度、最小点火能出现明显降低的结果是一致的[29]。

表 3.27　90%微米钛+10%纳米钛粉尘层的点火结果

能量/mJ	点火次数	是否点燃
0.5	5	是

3.5　机械摩擦火花作用下可燃堆积粉尘的着火特性

3.5.1　机械摩擦火花的形成及存在形式

当常见的杆状金属试件以一定的压力压在高速旋转的摩擦表面时，根据磨削原理，试件将被摩擦表面"切削"下来无数的细微金属碎屑。由于变形热和摩擦热的作用，产生的高温可以使这些细微的金属颗粒瞬间达到很高的温度，并在离心力的作用下，从试件与砂轮接触处的切线方向高速抛射出去，形成明亮流线，摩擦火花产生区域向外呈近似圆锥形喷射高温颗粒，形成一种离散化的火花束。因此，摩擦火花是一种瞬间温度高、高温持续时间短、热表面尺度小、火源数量多的点火源，如图 3.80 所示。

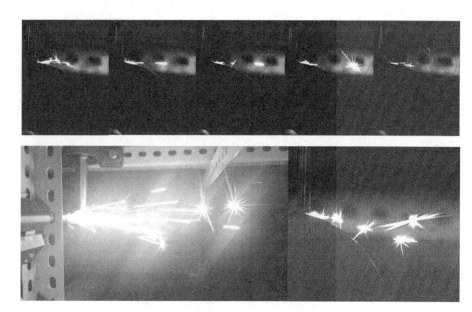

图3.80　TC4钛合金摩擦杆件材料与A3钢摩擦发生火花情况

　　采用高速摄像机追踪单个摩擦火花颗粒从脱离摩擦转盘到消亡的整个过程，可以发现火花亮光持续的时间很短（钛合金火花颗粒约为 0.03s）。在钛合金颗粒运行轨迹的末端，可观察到颗粒"微爆"现象。该现象是钛合金颗粒氧化高温使颗粒熔融，熔融液滴中溶解的氮快速膨胀超过液滴的内聚力时，发生了液滴破碎。在图 3.81 中，可以看出三种金属材料都存在熔融形成的球形颗粒。除 TC4 钛合金摩擦火花颗粒可发生"微爆"外［图 3.82（a）］，Q235 钢摩擦火花颗粒的微爆是内部高含量碳氧化而发生的"炸裂"现象，如图 3.82（b）所示。

（a）TC4 钛合金　　　　　　（b）Q235 钢　　　　　　（c）304 不锈钢

图3.81　摩擦颗粒扫描电镜图

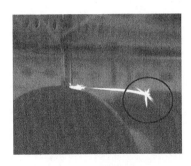

　　（a）TC4 钛合金　　　　　　　　　　　　　　（b）Q235 钢

图 3.82　TC4 钛合金、Q235 钢与 A3 钢盘摩擦图像

3.5.2　机械摩擦火花的发生实验

1. 摩擦发生材料的选取

　　钢铁是在工业中应用最广、用量最大的黑色金属材料，其中 Q235 钢和 304 不锈钢最具代表性，其他金属合金材料如 6061 铝合金、TC4 钛合金、H62 铜合金、AZ31B 镁合金、ZAMAK3 锌合金在制造业中也有广泛的应用。上述常用金属材料的主要化学成分及物理特性如表 3.28、表 3.29 所示，外观如图 3.83 所示。

表 3.28　金属材料化学成分表　　　　　　　　　单位：%

样品		TC4 钛合金棒	Q235 钢	304 不锈钢	6061 铝合金	H62 铜合金	ZAMAK3 锌合金	AZ31B 镁合金
化学成分	Ti	88.035～90.335	—	—	≤0.15	—	—	—
	Fe	≤0.3	≥95.065	66.865～71.865	0.7	0.15	<0.075	0.003
	Si	—	≤0.35	≤1.0	0.4～0.8	—	—	0.08
	C	≤0.1	≤0.22	≤0.07	—	—	—	—
	N	≤0.05	—	—	—	—	—	—
	H	≤0.015	—	—	—	—	—	—
	O	≤0.2	—	—	—	—	—	—
	Al	5.5～6.8	—	—	96～97.36	—	3.9～4.3	2.5～3.1
	Mn	—	≤1.4	≤2.0	≤0.15	—	—	0.2～1.0
	V	3.5～4.5	—	—	—	—	—	—
	S	—	≤0.05	≤0.03	—	—	—	—
	P	—	≤0.045	≤0.035	—	0.01	—	—

续表

样品		TC4 钛合金棒	Q235 钢	304 不锈钢	6061 铝合金	H62 铜合金	ZAMAK3 锌合金	AZ31B 镁合金
化学成分	Cr	—	≤0.3	17.0~19.0	0.04~0.35	—	<0.003	—
	Ni	—	≤0.3	8.0~11.0	—	—	—	0.001
	Ti	—	—	—	≤0.25	36.26~39.26	≥96	0.6~1.4
	Mg	—	—	—	0.8~1.2	—	0.025~0.05	—
	Cu	—	≤0.3	—	0.15~0.4	60.5~63.5	<0.1	0.01
	Pb	—	—	—	—	0.08	<0.004	—
	Ca	—	—	—	—	—	—	0.04

表 3.29　实验材料主要物理特性

材料	维氏硬度/GPa	热导率/[W/(m·K)]	熔点/℃
TC4 钛合金	3.49	6.6~10	1492
Q235 钢	2.12	56~60	1520
304 不锈钢	3.31	15~16.3	1447
6061 铝合金	0.99	160~180	657
H62 铜合金	1.37	110~126	881
ZAMAK3 锌合金	0.61	113	393
AZ31B 镁合金	0.59	155~160	628

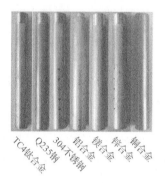 

图 3.83　摩擦杆件与摩擦转盘 A3 钢实物图

2. 摩擦发生实验装置及方法

摩擦火花发生实验装置如图 3.84 所示，主要由摩擦转盘、摩擦金属棒、气缸、三相异步电动机、红外摄像机、高速摄像机等组成。图中摩擦转盘直径 150mm，厚度 12mm，摩擦转盘材质为 A3 钢。金属棒直径 10mm，长度 100mm，并在金属棒侧壁预先加工直径 1mm、深度 5mm 的钻孔，钻孔距金属棒与转盘摩擦接触面的距离分别为 10mm（图例 Therm1）、20mm（图例 Therm2）和 30mm（图例 Therm3），用作直径 1mm 的 K 型热电偶插口，摩擦火花发生过程中三支热电偶的温度变化特征曲线如图 3.85 所示。气缸用于提供摩擦压力，可调压力范围为 0～10N/mm^2（对应的气缸压力为 1.25MPa、2.5MPa、3.75MPa），摩擦转盘转速可调范围为 0～1440r/s（转盘最外侧线速度为 0～12m/s）。

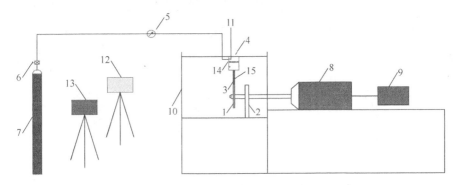

图 3.84　摩擦火花发生实验平台

1. 摩擦转盘；2. 轴承支架；3. 摩擦金属棒；4. 气缸；5. 气压表；6. 气瓶减压器；7. 高压空气瓶；
8. 三相异步电动机；9. 电机控制器；10. 支架；11. 气缸进气口；12. 红外摄像机；13. 高速摄像机；
14. 气缸活塞；15. 热电偶插口

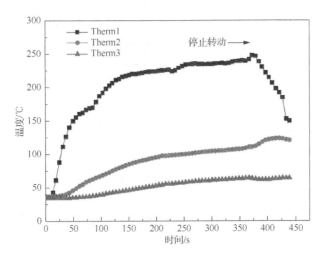

图 3.85　三个热电偶测点处温度变化

3. 金属材料对摩擦火花发生特性的影响

图 3.86 中的 H62 铜合金、6061 铝合金、AZ31B 镁合金、ZAMAK3 锌合金在最大摩擦速度 12m/s、最大摩擦压力 3.75N/mm² 时，未见明亮的摩擦火花产生。摩擦杆件底部出现较大黏附区域，摩擦区域温度较低，颗粒几乎呈不规则形态，摩擦颗粒表面有氧化痕迹，但颗粒飞溅过程中未达到熔点。除飞溅颗粒温度较低外，摩擦过程接触面温度也很低（表 3.30）。根据表 3.29 中四种合金的物理特性，低硬度及熔点、高导热系数、无含碳量等是导致无明亮飞溅火花、接触面温度低的主要原因。TC4 钛合金、Q235 钢、304 不锈钢在摩擦过程可产生明亮火花颗粒，火花颗粒的火源特性与摩擦压力、转速等因素有关。

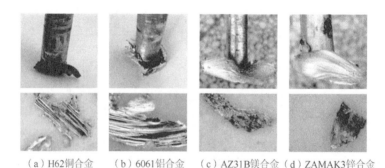

（a）H62铜合金　　（b）6061铝合金　　（c）AZ31B镁合金（d）ZAMAK3锌合金

图 3.86　四种合金摩擦杆件底部摩擦情况和摩擦颗粒在显微镜下的图像

表 3.30　四种合金摩擦接触面温度

摩擦杆件材料	最高温度/℃
6061 铝合金	180
H62 铜合金	400
ZAMAK3 锌合金	204
AZ31B 镁合金	220

4. 摩擦工况对摩擦接触面峰值温度的影响

根据表 3.31 中 TC4 钛合金摩擦实验结果，同转速下，随摩擦压力增大，摩擦区域峰值温度越高，达到峰值温度所需的时间越少。摩擦压力相同时，摩擦转速越高，摩擦区域峰值温度越大，但达到峰值温度的时间更长（表 3.32）。同摩擦转速、同摩擦压力下，Q235 钢摩擦接触面温度最高，TC4 钛合金摩擦接触面温度最低（表 3.33）。

表 3.31　同转速（1440r/min）、不同压力下 TC4 钛合金摩擦接触面温度

摩擦杆件气缸压力/MPa	最高温度/℃	达到最高温度所需时间/s
1.25	341.9	384
2.5	385	372
3.75	486.2	170

表 3.32　同压力（0.1MPa）、不同转速下 TC4 钛合金摩擦接触面温度

摩擦转速/(r/min)	最高温度/℃	达到最高温度所需时间/s
500	291.2	268
1000	352.5	305
1440	385	372

表 3.33　不同材料摩擦接触面温度

金属棒材料	最高温度/℃	达到最高温度所需时间/s
304 不锈钢	968.4	38
Q235 钢	979.8	39
TC4 钛合金	385	372

5. 摩擦火花颗粒的粒度特性

由于摩擦火花颗粒尺寸大、形状不规则、表面粗糙等原因，通常需采用图 3.87 所示的显微图像进行粒度分析。该方法首先获取显微镜观察图 [图 3.87（a）]，然后进行灰度均匀化处理 [图 3.87（b）]、像素扫描识别 [图 3.87（c）] 及轮廓优化调整 [图 3.87（d）]。最后，设定标尺，计算图 3.87（d）中每个图形区域的面积，并换算成等积圆直径，即可得到摩擦颗粒当量直径。

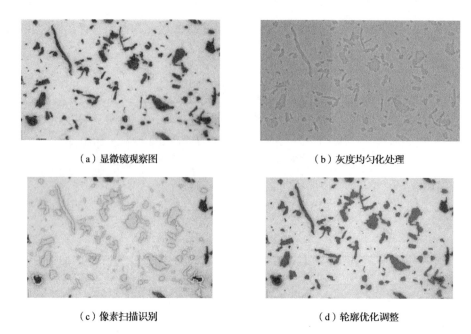

（a）显微镜观察图　　　　　　　　　　　　　（b）灰度均匀化处理

（c）像素扫描识别　　　　　　　　　　　　　（d）轮廓优化调整

图 3.87　在 2.5MPa、转速 1440r/min 条件下 304 不锈钢摩擦颗粒粒度分析图

以 TC4 钛合金为例，摩擦工况参数对火花颗粒粒径分布的影响规律如图 3.88（a）～（f）所示。摩擦转速一定时（均为 1440r/min），摩擦接触压力越大，火花颗粒粒度越大；同摩擦接触压力下，火花颗粒粒度随摩擦转速的增加也略有增加。

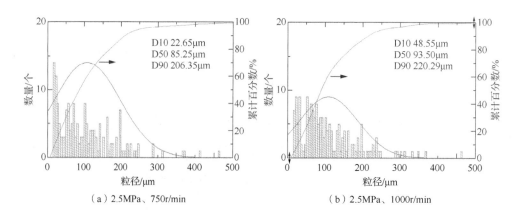

（a）2.5MPa、750r/min　　　　　　　　　　（b）2.5MPa、1000r/min

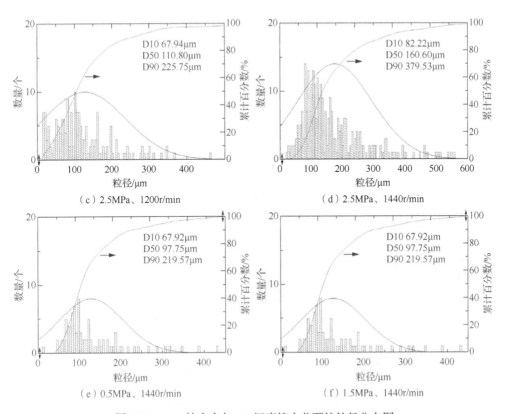

（c）2.5MPa、1200r/min　　　　（d）2.5MPa、1440r/min

（e）0.5MPa、1440r/min　　　　（f）1.5MPa、1440r/min

图3.88　TC4 钛合金与 A3 钢摩擦火花颗粒粒径分布图

6. 摩擦发生材料的磨损效率

将摩擦发生材料摩擦一定时间后，称量该时间段前后金属棒的质量，可得到摩擦金属棒单位时间的磨损情况。在 2.5MPa 气缸加载压力、1440r/min 转速条件下，TC4 钛合金棒、Q235 钢棒、304 不锈钢棒陆续摩擦 3 次 30s，每次金属棒的质量变化分别如表 3.34～表 3.36 所示。从表中结果可以看出，TC4 钛合金棒、Q235 钢棒摩擦一段时间后，摩擦区域均出现"耐磨"现象（图 3.89、图 3.90），金属棒磨损量减小，同时发现随着摩擦实验进行，摩擦产生火花颗粒粒度变小。304 不锈钢棒的摩擦实验发现，每次摩擦 30s 后，304 不锈钢棒磨损量变化较为一致，产生的火花颗粒数量密度也大致相同。在 304 不锈钢的连续摩擦实验中，随着摩擦时间增加，单位时间磨损量增大，如表 3.36 中 304 不锈钢棒前 30s 的摩擦量为

4.92g，表 3.37 中连续摩擦第 60s 时磨损量为 11.95g，即连续摩擦时第二个 30s 的磨损量为 7.03g，较第一个 30s 的磨损量增加 43%。

表 3.34　TC4 钛合金棒质量变化表　　　　　　单位：g

	第一次称量	第二次称量	第三次称量	平均质量变化
初始质量	40.70	40.73	40.74	N/A
第一次摩擦 30s	40.10	40.12	40.12	0.61
第二次摩擦 30s	40.09	40.08	40.08	0.03
第三次摩擦 30s	40.07	40.08	40.08	0.006

表 3.35　Q235 钢棒质量变化表　　　　　　单位：g

	第一次称量	第二次称量	第三次称量	平均质量变化
初始质量	71.72	71.74	71.71	N/A
第一次摩擦 30s	68.78	68.78	68.79	2.94
第二次摩擦 30s	68.28	68.26	68.27	0.513
第三次摩擦 30s	68.09	68.10	68.11	0.17

表 3.36　304 不锈钢棒质量变化表　　　　　　单位：g

	第一次称量	第二次称量	第三次称量	平均质量变化
初始质量	72.11	72.12	72.12	N/A
第一次摩擦 30s	67.19	67.19	67.20	4.92
第二次摩擦 30s	62.83	62.83	62.84	4.364
第三次摩擦 30s	57.44	57.46	57.45	5.383

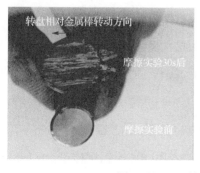

图 3.89　TC4 钛合金棒摩擦区域图

 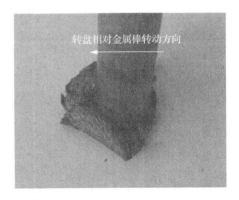

图 3.90 Q235 钢棒摩擦区域图

表 3.37 304 不锈钢棒质量变化表（新棒连续摩擦 60s）   单位：g

	第一次称量	第二次称量	第三次称量	平均质量变化
初始质量	73.28	73.29	73.27	N/A
摩擦 60s	61.33	61.33	61.33	11.95

3.5.3 机械摩擦火花的引燃能力

机械摩擦火花引燃实验介质如表 3.38 所示，涵盖了表 3.39 中三种不同燃烧等级的可燃粉尘。实验介质被引燃时的堆积状态如图 3.91 所示。

表 3.38 摩擦火花引燃实验介质

物质种类	样品名称	物理特性
金属粉尘	纳米铁粉	粒度 50nm，纯度 99.9%
	微米铁粉	粒度 1～3μm，纯度 99.9%
	纳米钛粉	粒度 60～80nm，纯度 99.9%
	微米钛粉	粒度 ≤20μm，纯度 99%
非金属粉尘	玉米淀粉	粒度 200 目
	PMMA 粉	粒度 200 目
	木粉	粒度 50～100 目
		粒度 100～150 目

表 3.39　　实验粉尘层最小点火能及燃烧等级

粉体材料	粉尘层最小点火能	粉尘层燃烧等级/传播现象
纳米钛粉	1mJ	Class 5：明火，且火焰会传播
微米钛粉	17.5～25mJ	Class 5：明火，且火焰会传播
PMMA 粉	1～10J	Class 5：明火，且火焰会传播
玉米淀粉	>10J	Class 2：短暂的局部燃烧
木粉	>10J	Class 3：局部持续燃烧，不扩散

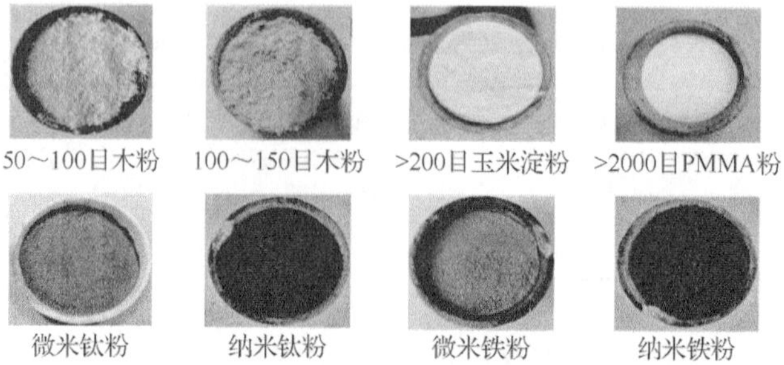

50～100目木粉　　100～150目木粉　　>200目玉米淀粉　　>2000目PMMA粉

微米钛粉　　　　　纳米钛粉　　　　　微米铁粉　　　　　纳米铁粉

图 3.91　　摩擦火花引燃实验中的被引燃粉尘层

1. 机械摩擦火花对金属堆积粉尘的引燃能力

前述四种无明亮摩擦火花发生材料（锌、镁、铜、铝合金）在 3.75MPa 气缸压力、1440r/min 转速的最大摩擦载荷下，未能有效引燃着火敏感性最强的纳米钛粉尘层，即四种金属合金的摩擦火花对可燃粉尘层的引燃能力很低。TC4 钛合金、Q235 钢、304 不锈钢引燃微纳米钛粉、纳米铁粉实验结果如表 3.40～表 3.42 所示。三种合金均可引燃微纳米钛粉和微纳米铁粉，且 TC4 钛合金引燃能力强于 Q235 钢和 304 不锈钢，主要原因是 TC4 钛合金颗粒的燃烧温度最高。TC4 钛合金、Q235 钢、304 不锈钢三种材料均未能点燃微米铁粉，引燃过程发现微米铁粉层表面局部发亮，一旦无摩擦火花作用，发亮区域会立即消失，微米铁粉层不能发生自持燃烧（图 3.92）。

表 3.40　TC4 钛合金、Q235 钢、304 不锈钢点燃纳米钛粉所需能量载荷表

压力/MPa		TC4 钛合金			Q235 钢			304 不锈钢	
		1.25	2.5	3.75	1.25	2.5	3.75	1.25	2.5	3.75
转速 /(r/min)	500	×	×	×	×	×	×	×	×	×
	1000	×	×	×	×	×	×	×	×	×
	1440	√	√	√	√	√	√	√	√	√

注：√表示该压力-转速摩擦工况下引燃成功；×表示该压力-转速摩擦工况下未引燃成功（下同）

表 3.41　TC4 钛合金、Q235 钢、304 不锈钢点燃微米钛粉所需能量载荷表

压力/MPa		TC4 钛合金			Q235 钢			304 不锈钢	
		1.25	2.5	3.75	1.25	2.5	3.75	1.25	2.5	3.75
转速 /(r/min)	500	×	×	×	×	×	×	×	×	×
	1000	×	×	×	×	×	×	×	×	×
	1440	×	×	√	×	×	√	×	×	√

表 3.42　TC4 钛合金、Q235 钢、304 不锈钢点燃纳米铁粉所需能量载荷表

压力/MPa		TC4 钛合金			Q235 钢			304 不锈钢	
		1.25	2.5	3.75	1.25	2.5	3.75	1.25	2.5	3.75
转速 /(r/min)	500	×	×	×	×	×	×	×	×	×
	1000	×	×	×	×	×	×	×	×	×
	1440	√	√	√	×	√	√	×	√	√

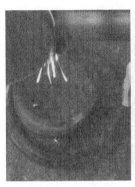

图 3.92　Q235 钢摩擦火花作用于微米铁粉层时的实验现象

2. 机械摩擦火花对非金属堆积粉尘的引燃能力

TC4 钛合金在 3.75MPa 气缸压力、1440r/min 转速条件下，作用于木粉、玉米淀粉和 PMMA 粉的实验结果如图 3.93 所示，即最大摩擦强度工况下，均未能引燃三种非金属粉尘，仅引起表层部分颗粒碳化。

　　　（a）木粉　　　　　　　　（b）玉米淀粉　　　　　　　（c）PMMA 粉

图 3.93　TC4 钛合金摩擦颗粒作用于木粉、玉米淀粉及 PMMA 粉表层现象

参 考 文 献

[1] Holleyhead R. Ignition of flammable gases and liquids by cigarettes: a review[J]. Science & Justice, 1996, 36(4): 257-266.

[2] 刘联胜. 燃烧理论与技术[M]. 北京: 化学工业出版社, 2008: 2.

[3] 谢兴华. 燃烧理论[M]. 徐州: 中国矿业大学出版社, 2002: 8.

[4] 张福旺, 张国枢. 矿井瓦斯灾害防控体系[M]. 徐州: 中国矿业大学出版社, 2009: 8.

[5] 岑可法, 姚强, 骆仲泱, 等. 高等燃烧学[M]. 杭州: 浙江大学出版社, 2002: 12.

[6] 霍然, 杨振宏, 柳静献. 火灾爆炸预防控制工程学[M]. 北京: 机械工业出版社, 2007: 8.

[7] 董川. 煤矿瓦斯监测新技术[M]. 北京: 化学工业出版社, 2010: 6.

[8] 解立峰. 防火防爆工程[M]. 北京: 冶金工业出版社, 2010: 4.

[9] 严传俊. 燃烧学[M]. 西安: 西北工业大学出版社, 2005: 8.

[10] 张国顺. 燃烧爆炸危险与安全技术[M]. 北京: 中国电力出版社, 2003: 11.

[11] Welzel M M. Ignition of combustible/air mixtures by small radiatively heated surfaces[J]. Journal of Hazardous Materials, 2000, A72: 1-9.

[12] 钟圣俊, 周乐刚, 王健. 热表面上粉尘层阴燃的研究[J]. 燃烧科学与技术, 2014, 20(3): 199-207.

[13] Baker R R.Variation of the gas formation regions within a cigarette combustion coal during the smoking cycle[J]. Beitrage zur Tabakforschung International, 1981, 11(1): 1-17.

[14] 苑春苗, 李畅, 李刚. 金属粉尘着火爆炸的理论与实验[M]. 北京: 科学出版社, 2017: 35-37.

[15] Janes A, Carson D, Accorsi A, et al. Correlation between self-ignition of a dust layer on a hot surface and in baskets in an oven[J]. Journal of Hazardous Materials, 2008, 159(2-3):528-535.

[16] 李玉栋. 木材点燃温度的测定[J]. 火灾科学, 1992, 1: 15-23.

[17] 王富强, 苑春苗, 查伟, 等. 高温钢球嵌入作用下木粉的阴燃着火特性[J]. 工程热物理学报, 2019, 40(1):233-237.

[18] Kashiwagi T, Nambu H. Global kinetic cons-tants for thermal oxidative degradation of cellulosic paper[J]. Combustion and Flame, 1992, 88(3-4): 345-368.

[19] Authier O, Ferrer M, Mauviel G, et al. Wood fast pyrolysis: comparison of lagrangian and eulerian modeling approaches with experimental measurements[J]. Industrial & Engineering Chemistry Research, 2009, 48: 4796-4809.

[20] 潘蕊. 杨木热解动力学及其固定床热解基础实验研究[D]. 南京: 南京林业大学, 2014: 24-29.

[21] Roger F E, Ohlemiller T J. Smolder characteristics of flexible polyurethane foams[J]. Journal of Fire and Flammability, 1980, 11(1): 32-44.

[22] Urban J L, Zak C D, Song J Y, et al. Smoldering spot ignition of natural fuels by a hot metal particle[J]. Proceedings of the Combustion Institute, 2017, 36(2): 3211-3218.

[23] Leach S V, Rein G, Ellzey J L, et al. Kinetic and fuel property effects on forward smoldering combustion[J]. Combustion and Flame, 2000, 120(3): 346-358.

[24] Rein G, Bar-Ilan A, Fernandez-Pello A C, et al. Modeling of one-dimensional smoldering of polyurethane in microgravity conditions[J]. Proceedings of the Combustion Institute, 2005, 30(2): 2327-2334.

[25] Blasi C D. Mechanisms of two-dimensional smoldering propagation through packed fuel beds[J]. Combustion Science and Technology, 1995, 106(1-3):103-124.

[26] Gummer J, Lunn G A. Ignitions of explosive dust clouds by smouldering and flaming agglomerates[J]. Journal of Loss Prevention in the Process Industries, 2003, 16(1):27-32.

[27] Rogers R L, Hawksworth S, Beyer M, et al. Ignition of dust clouds and dust deposits by friction sparks and hotspots[J]. Institution of Chemical Engineers Manchester, 2006,23(12):15-17.

[28] Beloni E, Dreizin E L. Experimental study of ignition of magnesium powder by electrostatic discharge[J]. Combustion and Flame, 2009, 156: 1386-1395.

[29] Yuan C, Amyotte P R, Hossain M N, et al. Minimum ignition temperature of nano and micro Ti powder clouds in the presence of inert nano TiO_2 powder[J]. Journal of Hazardous Materials, 2014, 275: 1-9.

第4章 可燃堆积粉尘的火蔓延

4.1 可燃堆积粉尘的火蔓延测试装置

可燃堆积粉尘发生着火后，发生层火灾的危险性与其火蔓延速度有关，实验装置如图 4.1 所示。实验装置主要有粉尘层模具、承烧板、可调节角度支座、高温的氮化硅点火器和实验记录系统等构成。实验过程中，首先利用模具制作待测厚度和宽度的粉尘层，本章所述粉尘层的尺寸为 200mm×20mm×2mm。实验过程通过数码相机、红外热像仪和热电偶记录，热电偶为精细 K 型热电偶。表层倾斜粉尘层是通过倾斜承烧板使水平堆积的粉尘表层具有预设的倾斜角度。为防止水平制作的粉尘层倾斜过程中发生破坏，实验过程表层最大倾角低于待测粉尘的安息角。

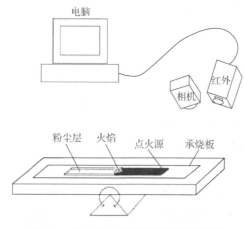

图4.1 粉尘层火蔓延实验系统示意图

4.2 自然对流条件下可燃粉尘层的火蔓延速度

4.2.1 粉末惰化对可燃粉尘层火蔓延速度的影响

微米及其二氧化钛惰化条件下的钛粉尘层火焰前端位置与蔓延时间的关系

如图 4.2 所示，两者基本呈线性关系，说明粉尘层火蔓延过程是匀速的。根据拟合直线的斜率得到的粉尘层火蔓延速度以及线性回归的相关度见表 4.1[1]。根据表 4.1 中数据，可以看出纳米二氧化钛对于微米钛粉尘层的火蔓延起到良好的惰化抑制作用[2]。微米钛粉尘层的火蔓延速度与惰化比例之间的关系如图 4.3 所示，粉尘层的火蔓延速度与二氧化钛惰化比例不是线性关系。当粉末惰化比例小于等于 50%时，粉尘层的火蔓延速度随着惰化比例的增大急剧下降，而当惰化比例大于 50%时，火蔓延速度逐渐趋于平缓，直到当惰化比例达到 80%时，粉尘层的火蔓延速度接近为零。

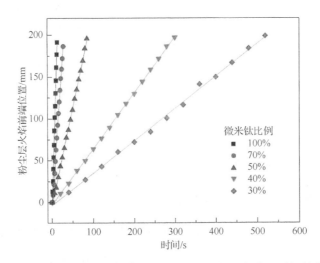

图 4.2　不同惰化比例微米钛粉尘层火焰前端位置与蔓延时间的关系

表 4.1　不同惰化比例的微米钛粉尘层火蔓延速度及线性拟合相关度

粉尘层	火蔓延速度/(mm/s)	线性拟合相关度
100%微米钛	14.92	0.999
70%微米钛+30%TiO_2	6.82	0.999
50%微米钛+50%TiO_2	2.43	0.999
40%微米钛+60%TiO_2	0.66	0.999
30%微米钛+70%TiO_2	0.38	0.999

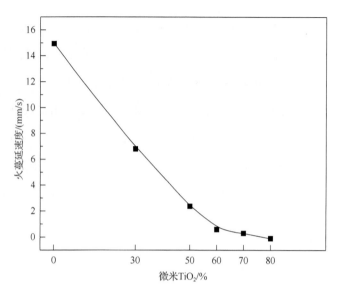

图 4.3　微米钛粉尘层火蔓延速度与惰化比例关系

　　对于高活性的纳米钛粉，其火蔓延速度也是均匀的，即火蔓延火焰前端位置与蔓延时间呈线性关系，如图 4.4 所示。具体的火蔓延速度以及线性回归的相关度见表 4.2。将得到的粉尘层的火蔓延速度与对应的惰化比例作图，如图 4.5 所示。从表 4.2 中数据可以看出，纯纳米钛粉尘层的火蔓延速度达到惊人的 496.63mm/s，相当于纯微米钛粉尘层火蔓延速度 14.92mm/s 的 33.3 倍。即使纳米钛粉尘层中加入高惰化比例的纳米二氧化钛，粉尘层依旧保持较高的火蔓延速度。当惰化介质二氧化钛质量分数为 50%时，粉尘层火蔓延速度依旧保持 39.67mm/s，尽管相对纯纳米钛粉的高火蔓延速度有了很大的降低，但仍然是纯微米钛粉火蔓延速度的 2.66 倍。之前提到，当微米钛粉尘层中二氧化钛惰化比例达到 80%时，粉尘层基本达到完全惰化，粉尘层不会出现持续的火蔓延。对于纳米钛粉尘层，可以发现惰化比例为 80%时，粉尘层的火蔓延速度为 2.80mm/s，大于惰化比例为 50%时微米钛粉尘层的火蔓延速度。当纳米钛粉尘层中二氧化钛的质量分数达到 90%时，则不再发生火蔓延。

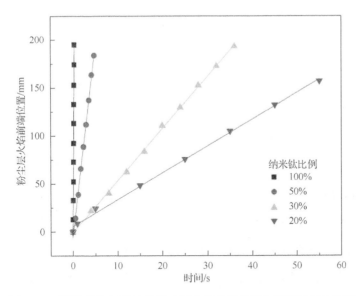

图 4.4　不同惰化比例的纳米粉尘层火焰前端位置与蔓延时间的关系

表 4.2　不同惰化比例的纳米钛粉尘层火蔓延速度及线性拟合相关度

粉尘层	火蔓延速度/(mm/s)	线性拟合相关度
20%纳米钛+80%TiO$_2$	2.80	0.999
30%纳米钛+70%TiO$_2$	5.44	0.999
50%纳米钛+50%TiO$_2$	39.67	0.999
100%纳米钛	496.63	0.999

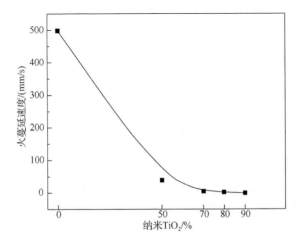

图 4.5　纳米钛粉尘层火蔓延速度和惰化比例关系

对于微纳米钛粉混合粉尘层，火蔓延过程中火焰前端位置与蔓延时间关系如图 4.6 所示。根据图中各点拟合直线得到的粉尘层火蔓延速度及其相关度如表 4.3 所示。纯微米钛粉、纯纳米钛粉以及两种不同混合比例的微纳米钛粉尘层火蔓延速度与纳米钛粉比例关系如图 4.7 所示。由图中结果可知，微米钛粉及纳米钛粉比例各占 50%的粉尘层火蔓延速度和纯纳米钛粉尘层火蔓延速度相差无几。当粉尘层中纳米钛粉的比例降到 10%时，其蔓延速度相较于纯微米粉尘层火蔓延速度也只是有稍微的增大。由此可以推断，对于微米钛粉和纳米钛粉混合的粉尘层，当纳米钛粉比例达到 50%以上时，混合粉尘层的火蔓延特性基本接近纯纳米钛粉尘层。纳米钛粉比例在 10%～50%，粉尘层火蔓延速度也会经历一个突变。当纳米钛粉比例低于 10%时，混合粉尘层的火蔓延特性基本接近纯微米钛粉尘层。

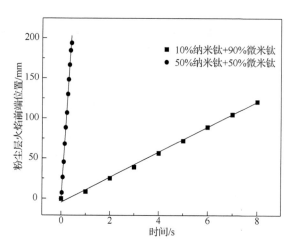

图 4.6　微纳米钛粉尘层火蔓延过程火焰前端位置与蔓延时间的关系

表 4.3　混合粉尘层火蔓延速度及线性拟合相关度

粉尘层	火蔓延速度/(mm/s)	线性拟合相关度
90%微米钛+10%纳米钛	15.50	0.999
50%微米钛+50%纳米钛	483.09	0.999

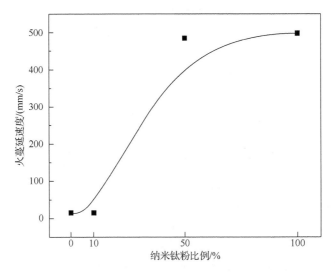

图 4.7   粉尘层火蔓延速度与粉尘层中纳米钛粉比例的关系

4.2.2   粉尘粒径对可燃粉尘层火蔓延速度的影响

在相同的实验环境下，表 4.4 中水平堆积的四种镁粉的火蔓延速度如图 4.8 所示。火蔓延速度随颗粒粒径增大而急剧降低，当中位粒径 d_{50} 大于 43μm 时，粒径增加对粉尘层火蔓延速度影响较小，但粒径大小对火蔓延过程的最高温度几乎没有影响。

表 4.4   镁粉粒径分布及物理特性参数

过筛目 /目	粒径 /μm	激光粒径分布/μm					比表面积 /(m²/cm³)	活性镁 /%	松装密度 /(g/cm³)
		d_3	d_{10}	d_{50}	d_{90}	d_{97}			
>1000	0~10	2	3	6	14	18	0.952	96.34	0.902
200~325	43~74	18	26	47	76	94	0.145	98.62	0.888
100~200	74~147	62	72	104	166	215	0.064	98.85	0.952
50~100	147~288	73	93	173	306	394	0.038	99.02	—

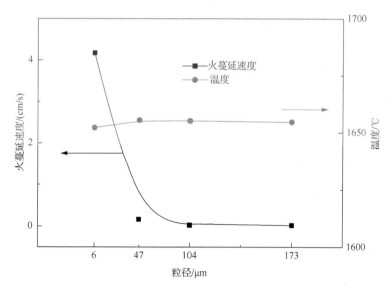

图 4.8　不同粒径镁粉尘层火蔓延速度和最高温度

4.2.3　粉尘层宽度对可燃粉尘层火蔓延速度的影响

以长 150mm、厚 4mm 的 PMMA 粉尘层为例，宽度对粉尘层火蔓延表面最高温度、火焰高度及火蔓延速度的影响规律如图 4.9、图 4.10 所示。火蔓延过程中，火焰高度与宽度基本成正比，当宽度大于 20mm 时，粉尘层表面温度受宽度影响

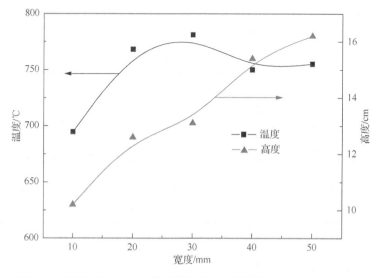

图 4.9　不同宽度 PMMA 粉尘层火蔓延过程的最高温度和火焰高度

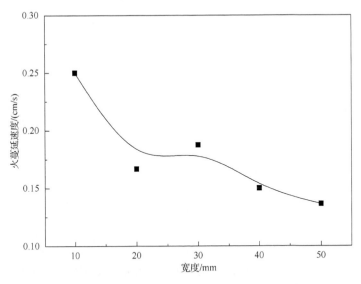

图 4.10　不同宽度 PMMA 粉尘层的火蔓延速度

很小。考虑是由于宽度增加，燃烧面积也增加，导致更多的热解气体产生，使火焰高度增加，但层表面温度基本由可燃物质的燃烧温度决定，随宽度增加没有太大变化。粉尘层火蔓延速度随着宽度增加而减小，且在 10~20mm 时变化最快，考虑是宽度的增加使粉尘层燃烧区能量沿宽度方向的供给增加，沿长度方向的能量供给减少，导致沿长度方向的火蔓延速度变慢。

4.2.4　粉尘层厚度对可燃粉尘层火蔓延速度的影响

以木粉为例，厚度对粉尘层火蔓延表面最高温度、火焰高度及火蔓延速度的影响规律如图 4.11、图 4.12 所示。随粉尘层厚度的增加，粉尘层表面最高温度和火焰高度均有变大的趋势，这是因为厚度的增加增大了燃烧区的燃烧深度，产生更多的热量使温度和火焰高度增加，但对粉尘层长度方向的火蔓延速度影响不大。

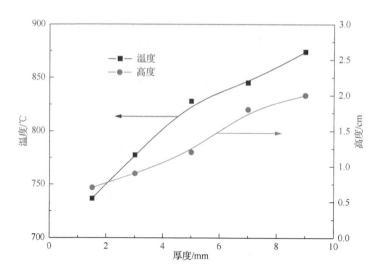

图 4.11　不同厚度木粉尘层火蔓延过程的最高温度和火焰高度

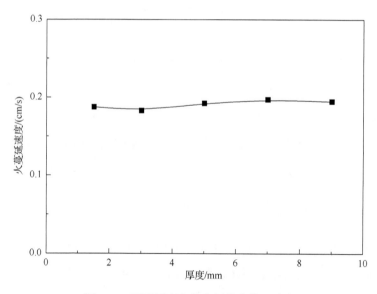

图 4.12　不同厚度木粉尘层的火蔓延速度

4.2.5　表面倾角对可燃粉尘层火蔓延速度的影响

图 4.13 是表面倾角对 PMMA 粉尘层表面最高温度和火焰高度的影响规律。随表面倾角增加，粉尘层火焰高度增加。层表面最高温度随倾角的增加而减小，考

虑是由于壁面效应的影响，粉尘层火蔓延过程仅上表面与空气接触，底部紧贴承烧板与空气隔绝。随着倾角增加，火蔓延过程加快，底部的粉尘由于缺少氧气发生不完全反应，导致放热量减少，表现为层表面温度较低。图 4.14 是 PMMA 粉尘层表面倾角对火蔓延速度的影响规律。随倾角增加，火蔓延速度整体呈增加的趋势，但增加的幅度不同。按角度可划分为三个区域：$\theta < -22°$ 为缓慢燃烧区（θ 为表面倾角，即粉尘层与水平面的夹角），此范围内的粉尘层火蔓延为逆流火蔓延过程，燃烧反应较缓慢；$-22° < \theta < 37°$ 为加速燃烧区，此范围内的粉尘层火蔓延过程随角度增加而增加，考虑是角度增加导致热解区对预热区的传热作用加强所致；$\theta > 37°$ 为快速燃烧区，角度增加导致火蔓延速度急剧增加，这是因为火蔓延速度是燃烧化学反应和传热过程共同作用的结果，角度变大时火焰与粉尘层表面接触面积增加，导致热解区面积也增加，燃烧反应和对流辐射传热加剧，促进了火蔓延过程。

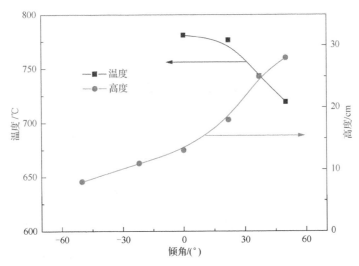

图 4.13　表面倾角对 PMMA 粉尘层火蔓延过程最高温度和火焰高度的影响

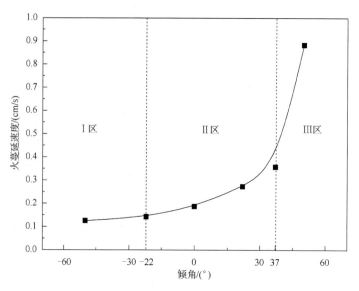

图 4.14　不同表面倾角 PMMA 粉尘层的火蔓延速度

4.3　通风条件下可燃粉尘层的火蔓延速度

4.3.1　通风条件下可燃粉尘层火蔓延速度测试装置

将图 4.1 所示的粉尘层火蔓延实验装置移到图 4.15 所示的通风环境中，即可进行通风条件下粉尘层火蔓延实验。该通风装置主要由两个部分构成：一部分是离心风机，另一部分是通风管道，通风管道材质为有机玻璃。进行强制通风条件下的粉尘层火蔓延实验时，首先制作好待测的粉尘层，然后把粉尘层放进通风管道的指定位置，再启动风机，待通风管道风流稳定后，按照前述自然对流条件下的粉尘层火蔓延实验操作步骤进行点火实验。实验过程中，粉尘层实时火蔓延的过程由红外热像仪和数码相机同时记录。

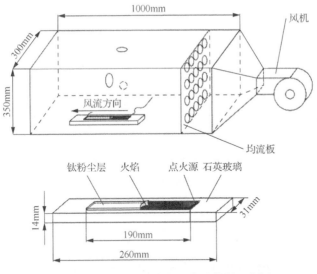

图 4.15　通风条件下火蔓延实验装置示意图

4.3.2　顺风及逆风条件对可燃粉尘层火蔓延速度的影响

50%粉末惰化的微米钛粉尘层在不同通风风速下，顺风和逆风火蔓延时火焰前端位置与蔓延时间如图 4.16 所示。粉尘层火蔓延的火焰前端位置和蔓延时间保持较好的线性关系，即不论是顺风条件还是逆风条件，火蔓延速度为匀速。线性拟合得到的粉尘层火蔓延速度如表 4.5 所示。根据表中数据可以看出，顺风条件下的火蔓延速度大于逆风条件下的火蔓延速度。随顺风火蔓延风速增加，粉尘层火蔓延速

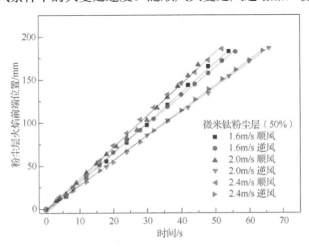

图 4.16　惰化比例 50%的微米钛粉尘层火蔓延的火焰前端位置与蔓延时间的关系

度会有稍微的增大，但是当风速从 2.0m/s 增到 2.4m/s 时，发现火蔓延速度略有下降。随逆风火蔓延风速增加，火蔓延速度略有降低，当风速增到 2.4m/s 时，火蔓延速度和 2.0m/s 时风速下基本持平。

表 4.5　惰化后微米钛粉尘层的火蔓延速度及线性拟合相关度

风速/(m/s)	顺风向		逆风向	
	火蔓延速度/(mm/s)	线性拟合相关度	火蔓延速度/(mm/s)	线性拟合相关度
1.6	3.49	0.998	3.30	0.999
2.0	3.69	0.997	2.85	0.998
2.4	3.65	0.999	2.90	0.999

对于火蔓延速度较快的纳米钛粉惰化混合物，相应的结果如图 4.17 和表 4.6 所示。类似微米钛粉尘层，粉尘层火蔓延的火焰前端位置和蔓延时间保持较好的线性关系，惰化的纳米钛粉尘层也保持持续稳定的匀速燃烧。顺风条件下的火蔓延速度远大于逆风条件下的火蔓延速度。在顺风条件下，风流速度对火蔓延速度的影响较小。风速从 1.6m/s 增加到 2.4m/s，火蔓延速度增大了 3.6m/s。逆风条件下的火蔓延速度受风速影响较大，风速越大，火蔓延速度越小。当风速从 1.6m/s 增加到 2.4m/s，粉尘层的火蔓延速度下降了 14.3m/s。

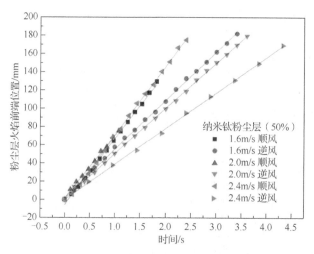

图 4.17　惰化比例 50%的纳米钛粉尘层火蔓延的火焰前端位置与蔓延时间的关系

表 4.6　惰化后纳米钛粉尘层的火蔓延速度及线性拟合相关度

风速/(m/s)	顺风向		逆风向	
	火蔓延速度/(mm/s)	线性拟合相关度	火蔓延速度/(mm/s)	线性拟合相关度
1.6	72.2	0.999	53.4	0.999
2.0	73.4	0.999	49.7	0.999
2.4	75.8	0.999	39.1	0.999

4.3.3　自然对流与通风条件下粉尘层火蔓延速度差异分析

　　自然对流和通风条件下，50%粉末惰化的微米钛粉尘层和纳米钛粉尘层的火蔓延速度对比如图 4.18 所示。通风条件下微米钛粉尘层的火蔓延速度和自然对流条件下相比差距较小，可以推断热传导在微米钛粉尘层火蔓延过程的能量传递中起主导作用。

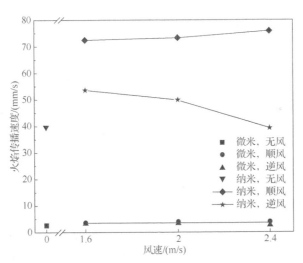

图 4.18　自然对流和通风条件下粉尘层火蔓延速度对比

　　对于纳米钛粉尘层而言，顺风条件下火蔓延传播速度明显大于自然对流条件下，说明顺风条件粉尘层火蔓延过程中，燃烧区火焰对未燃区粉尘层的预热起主导作用。逆风条件对火蔓延的影响较为复杂，一方面通风风流可带走燃烧区火焰热量，改变粉尘层表面的温度结构，对火蔓延起抑制作用；另一方面通风风流会增大燃烧区火焰端面的供氧量，对火蔓延起促进作用。图 4.18 中数据表明，逆风风速为 1.6m/s 和 2.0m/s 时，火蔓延速度大于自然对流条件下的火蔓延速度，表明逆风流下供氧量增大对火蔓延的促进效应起主导作用。当风速增大到 2.4m/s 时，粉尘层火蔓延速度稍微小于自然对流条件下的火蔓延速度，说明逆风流下供氧量增大对火蔓延的促进效应完全被逆风流的抑制效应抵消。

参 考 文 献

[1] Han O. Characteristics and risk assessment of flame spreading over metal dust layers[J]. Korean Chemical Engineering Research, 2005, 43: 47-52.

[2] Kudo Y, Kudo Y, Torikai H, et al. Effects of particle size on flame spread over magnesium powder layer[J]. Fire Safety Journal, 2010, 45: 122-128.

第5章　堆积粉尘内着火颗粒的引燃能力

5.1　玉米淀粉堆积着火扬起后的引燃能力

5.1.1　玉米淀粉在热板加热条件下的焖烧着火特性

图 5.1 为纯玉米淀粉焖烧实验现象，纯玉米淀粉在热板堆积受热后，粉尘团块边缘逐渐翘起，边缘及底部出现碳化现象。焖烧过程从受热 20min 后开始，粉尘层局部出现浓烟，烟气由小变大并伴有刺激性气味。随着加热过程继续进行，粉尘层继续向内凸起，上层淀粉逐渐发黄但未出现完全的碳化现象。在 60min 左右，粉尘团块烟气散去，整个焖烧过程中未出现明火。将纯玉米淀粉掺混入不同质量分数的二氧化钛粉末后，同等加热条件下粉尘层焖烧后的现象如图 5.2 所示。惰化比例为 20%的玉米淀粉粉尘层与未惰化的玉米淀粉粉尘层焖烧过程未出现明显区别，焖烧团块形状几乎相同，粉尘层基本呈初始堆积时的圆饼形状；惰化比例为 40%的玉米淀粉粉尘层经过焖烧所形成的团块，边缘翘起现象较为微弱，团块表面受热程度高，出现部分阴燃火星；惰化比例为 60%的玉米淀粉粉尘层，经过焖烧产生的团块边缘较平整，焖烧过程出现较多阴燃火星，整个焖烧周期大大缩短；惰化比例为 80%的玉米淀粉粉尘层经过焖烧后，平整分布在热板表面，焖烧过程较短，且出现较多阴燃火星，焖烧后的粉尘团块炭化程度高，结构疏松。随着惰化比例的增高，玉米淀粉粉尘层边缘翘起的现象逐渐消失，层内可燃物质可更大程度接触热板，焖烧过程渐渐缩短，且焖烧粉尘团块愈发疏松。

0min　　　　　　　　　　10min　　　　　　　　　　20min

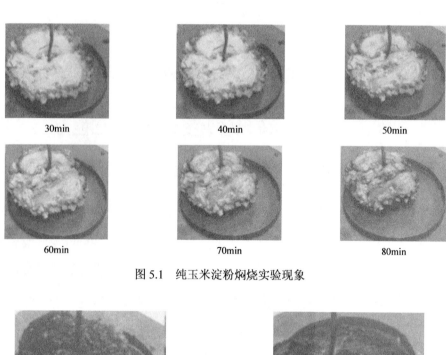

30min　　　　　　　　40min　　　　　　　　50min

60min　　　　　　　　70min　　　　　　　　80min

图 5.1　纯玉米淀粉焖烧实验现象

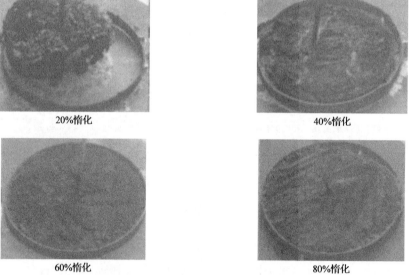

20%惰化　　　　　　　　　　　　40%惰化

60%惰化　　　　　　　　　　　　80%惰化

图 5.2　不同惰化比例玉米淀粉焖烧后现象

　　不同惰化比例玉米淀粉粉尘层层内温度随时间变化如图 5.3 所示。由图 5.3可以看出，纯玉米淀粉和惰化比例 20%的玉米淀粉，层内温度随时间的变化基本一致。20%惰化的玉米淀粉粉尘层温度更高，为 677℃。随着惰化比例的升高，玉米淀粉粉尘层的温度上升速率增大，但在温度达到最高点后降温速度也大。因为当惰化比例较低时,玉米淀粉焖烧团块边缘翘起严重,粉尘层表面不能充分受热,团块中蕴含的能量较小。惰化比例较高的粉尘层焖烧时,没有出现边缘翘起现象,充分吸收了热板传递的热量,造成了粉尘层升温速度加快。

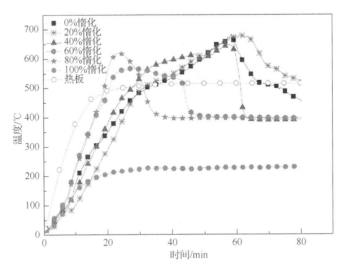

图 5.3　不同惰化比例的玉米淀粉层内温度-时间曲线图

5.1.2　玉米淀粉着火颗粒扬起后的引燃能力

粉末惰化比例为20%的玉米淀粉在热板受热后,放置在图5.4所示的Hartmann管中,改变堆积粉尘的焖烧程度及喷吹压力,均未出现内部焖烧着火颗粒引发粉尘云爆炸的现象。

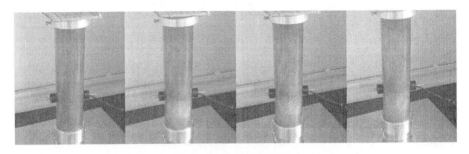

图 5.4　焖烧后玉米淀粉引燃粉尘云现象

　　为改善阴燃堆积粉尘的分散引燃条件，采用了水平喷吹方式扬起焖烧堆积粉尘（图 5.5）。实验装置是由喷吹系统和粉尘放置平台等构成。喷吹系统由压缩空气瓶、压力表、泄压表、压力储罐、电磁阀、喷头、开关阀门、喷头架台和若干管道组成。喷头气流不仅用于扬起焖烧粉尘团块，同时喷出新鲜玉米淀粉粉尘云。实验中粉堆形状为圆台状，上圆面半径为 3cm，下圆面半径为 4cm，高 4cm，采用 750℃氮化硅点火棒作用粉尘堆内部 2min，使其发生阴燃着火。实验时，气体喷吹压力为 3bar（1bar=10^5Pa），焖烧粉尘团块距气流喷头 30cm，喷头孔径 14mm。根据图 5.6 中实验结果，喷头喷出的新鲜玉米淀粉未被扬起的阴燃着火颗粒引燃。当采用氮化硅对堆积玉米淀粉表面加热使其出现明焰燃烧时，喷出的新鲜玉米淀粉粉尘云被引燃，实验现象如图 5.7 所示。

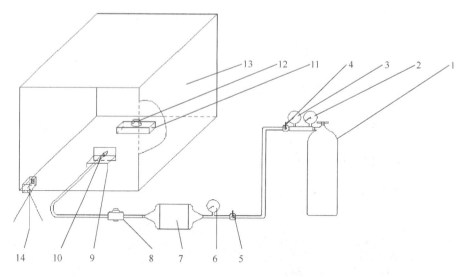

图 5.5　焖烧堆积粉尘水平喷吹扬起实验装置

1. 压缩空气瓶；2. 压力表；3. 泄压表；4. 开关阀门；5. 开关阀门；6. 压力表；7. 压力储罐；8. 电磁阀；9. 喷头架台；10. 喷头；11. 垫块；12. 粉尘盛放皿；13. 箱体；14. 高速摄像机

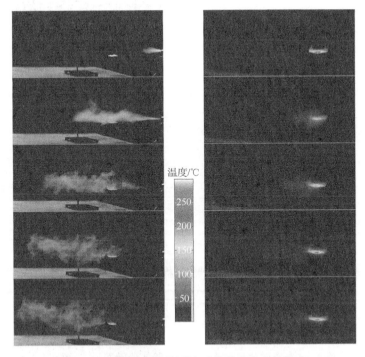

图 5.6　焖烧玉米淀粉团块对粉尘云着火的影响

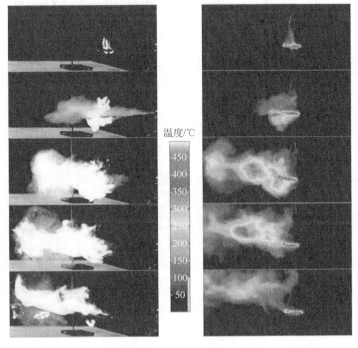

图 5.7　明焰燃烧玉米淀粉颗粒对粉尘云着火的影响

5.2　煤粉堆积着火扬起后的引燃能力

5.2.1　煤粉在热表面作用下的着火特性

对表 5.1 中的煤粉样品一进行热板着火实验，实验现象如图 5.8 所示。纯煤粉受热 10min，出现大量浓烟并伴随刺激性气味。从粉尘层底部开始出现阴燃火星，逐渐向粉尘层中间与表面扩展，黑色煤粉经过焖烧后变为灰色煤灰，且粉尘层表面出现龟裂现象。焖烧过程较纯玉米淀粉较短，焖烧后，粉尘层未结成团块。

表 5.1　两种煤粉样品成分对比　　　　　　　　单位：%

| | 工业分析（干燥条件） | | | 元素分析 | | | | |
	灰分	挥发分	水分	C	O	N	S	H
煤粉样品一	20.39	35.15	17.40	57.20	28.20	2.69	1.44	1.35
煤粉样品二	6.90	52.03	13.52	63.30	25.70	3.20	0.69	2.33

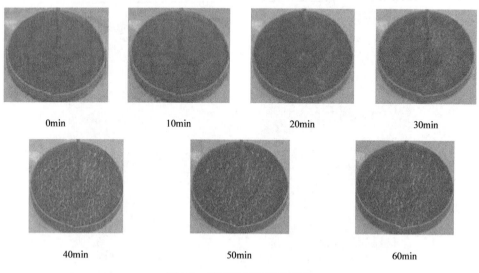

图 5.8　纯煤粉焖烧实验现象

将不同惰化比例的待测煤粉样品，在同等实验条件下进行焖烧，其焖烧后的现象如图 5.9 所示。由图 5.9 可以看出，惰化比例为 20% 的煤粉尘层与未惰化的煤粉尘层焖烧过程较为相似，在 10min 左右，开始出现火星。伴随有烟气，粉尘层表面出现龟裂，焖烧后粉尘层未结成团块；惰化比例为 40% 的煤粉尘层焖烧时，产生的火星较少，但有大量烟气，粉尘层表面龟裂现象不明显，焖烧后粉尘层表面发白，与煤燃烧后的灰色煤灰有所区别；惰化比例为 60% 的煤粉尘层在焖烧过程中未见明显阴燃火星，10min 后出现少量烟气，粉尘层表面由外及里形成灰色煤灰，焖烧后粉尘层表面发白，边缘有明显的白色二氧化钛粉末；惰化比例为 80% 的煤粉尘层焖烧中未有明显烟气出现，在粉尘层内部有几处不明显的阴燃火星，焖烧后粉尘层表面边缘有较少灰色煤灰，其他部分为二氧化钛粉末。

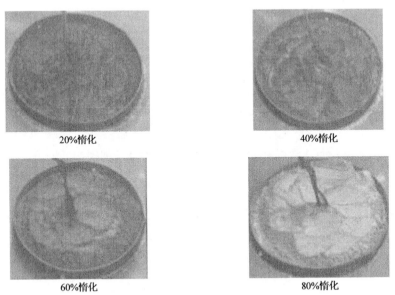

20%惰化　　　　　　　　　　　40%惰化

60%惰化　　　　　　　　　　　80%惰化

图 5.9　不同惰化比例煤粉焖烧后现象

热板加热过程中，各惰化比例煤粉样品内部温度随时间变化如图 5.10 所示。各惰化比例的煤粉尘层升温速度较为接近，惰化比例为 40% 的煤粉在焖烧中的峰值温度最高，为 662℃。当惰化比例较低时，样品粉尘层的温度在升至最大值后，基本保持稳定，而惰化比例超过 40%后，粉尘层温度有明显下降阶段。这是因为煤粉尘层在焖烧过程中，受热较为均匀，惰化比例高的样品，煤粉燃烧后粉尘层内主要成分是煤灰和二氧化钛粉末，导致其温度逐渐下降。

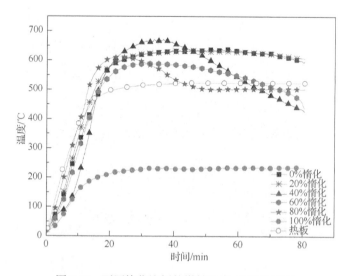

图 5.10　不同惰化比例的煤粉温度-时间曲线图

5.2.2　煤粉着火颗粒对煤粉尘云的引燃能力

煤粉在热板表面从常温开始加热，层内将产生大量阴燃火星，但并未出现明火。采用图 5.5 所示装置分别对表 5.1 中两种煤粉样品进行扬起着火实验，实验结果如图 5.11 和图 5.12 所示。对于煤粉样品一，由图 5.11 可以看出，喷头中喷出的粉尘云在阴燃颗粒作用下，并未出现着火并向四周传播火焰的现象。除少量火星飞溅外，阴燃粉尘层也未出现明火。对于挥发分高达 52.03%的煤粉样品二，由图 5.12 可以看出，在粉尘气流经过阴燃粉尘层的瞬间，煤粉尘层阴燃颗粒温度不仅未出现明显的下降，反而燃烧加剧形成明火，成功引燃了喷头喷出的煤粉尘云。

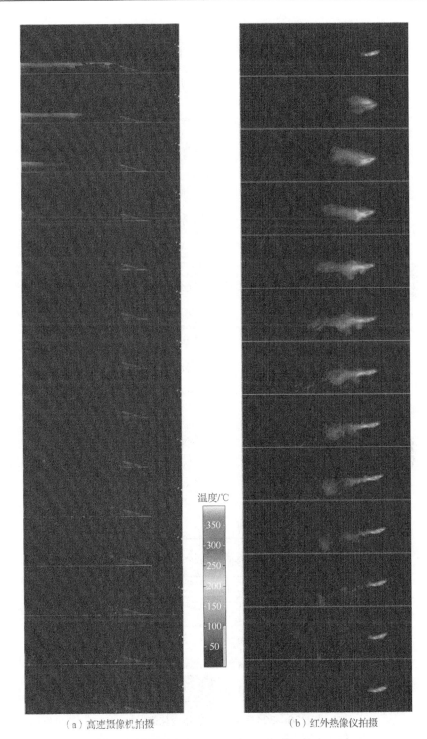

温度/℃

（a）高速摄像机拍摄　　　　　　（b）红外热像仪拍摄

图 5.11　阴燃的煤粉尘层对粉尘云着火的影响（样品一）

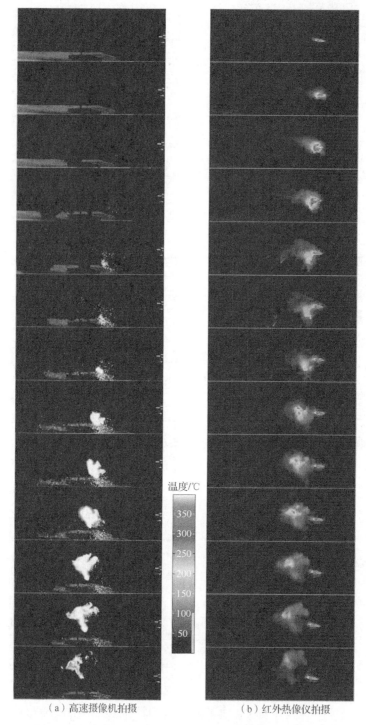

温度/℃

350
300
250
200
150
100
50

（a）高速摄像机拍摄　　　　　　　　（b）红外热像仪拍摄

图 5.12　阴燃的煤粉尘层对粉尘云着火的影响（样品二）

5.3　金属粉尘堆积着火扬起后的引燃能力

着火金属粉尘因颗粒温度高、燃尽时间长，通常具有较强的引燃能力，如 20μm 铝粉颗粒着火时的颗粒温度可达 2500℃，颗粒能量大于丙烷/空气混合物的最小点火能 0.48mJ。假设微米钛粉颗粒和微米铝粉颗粒燃烧时释放能量相同，则由三个微米钛粉颗粒组成的颗粒团块燃烧时，可释放的总能量将达到 1.44mJ，足够引燃最小点火能值为 1mJ 的微米钛粉尘云。以图 5.13 中 30%粉末惰化的微米钛粉为例，采用 30mJ 的火花能量引燃粉尘云时，Hartmann 管内未发现可持续的火焰传播，但可观察到部分钛颗粒被电火花引燃，并沉降至管底部粉尘层表面。此时，不进行火花发电并再次喷吹粉尘云，在管道发生了由着火钛粉颗粒引发的粉尘云爆炸。

t=0ms　　　　　　t=42ms　　　　　　t=83ms　　　　　　t=167ms

t=208ms t=250ms t=333ms t=375ms

t=833ms t=2167ms t=18917ms t=44917ms

图 5.13　着火微米钛粉颗粒对钛粉尘云的引燃过程（点火能量 30mJ，微米钛粉的量为 1500mg）

附录　粉尘爆炸事故统计

附表 1　1785～2012 年全球 13% 的粉尘爆炸

年份	国家	材料	涉及的设备	工业类型	死/伤	点火源
1785	IT	食品	仓库	食品厂	0/2	火焰和直接热
1866	UK	煤	—	—	388/0	动火作业
1878	US	食品	—	磨坊	18/0	
1906	FR	煤	—	煤矿	1099/0	火焰和直接热
1911	UK	食品	—	食品和饲料厂	39/100	电火花
1911	UK	—	—	—	3/5	
1916	US	食品	钢板粮仓	筒仓/提升机/仓库	—	
1919	US	食品	—	食品和饲料厂	43/0	—
1924	US	食品	淀粉库	食品和饲料厂	42/100	静电
1930	UK	食品	筒仓	食品和饲料厂	11/32	自热和阴燃
1936	US	无机	煤处理设备	化工厂	2/0	
1956	US	食品	提升机	食品和饲料厂	0/1	动火作业
1960	CHN	煤	电力机车倾卸装置	煤矿	684/0	电火花
1960	AUS	食品	提升机	筒仓/提升机/仓库	—	动火作业
1963	JPN	煤	矿山边坡	煤矿	458/839	摩擦火花
1963	CHN	金属	集尘器	金属制品厂	19/24	冲击摩擦
1965	IN	煤	矿山边坡	煤矿	375/0	火焰和直接热
1969	CHN	煤	电力机车	煤矿	115/108	电火花
1970	GER	食品	粮食筒仓	筒仓/提升机/仓库	6/17	—
1973	CHN	煤	开关/线缆	煤矿	50/10	火焰和直接热
1975	IN	煤	—	煤矿	372/0	
1977	US	食品	与提升机相连的管道	筒仓/提升机/仓库	18/22	摩擦火花
1977	US	食品	提升机	筒仓/提升机/仓库	36/10	静电
1978	CHN	金属	旋风除尘器/集尘器	金属制品厂	5/6	冲击火花
1980	US	食品	储箱，运输机	食品和饲料厂	8/1	
1981	CHN	食品	仓库	筒仓/提升机/仓库	0/7	火焰和直接热
1985	CHN	煤	作业面	煤矿	63/3	动火作业
1985	US	无机	电气设备	动物杀虫剂包装厂	13/1	火焰和直接热
1986	JPN	化学	称重料斗	化工厂	0/1	静电
1986	CHN	食品	—	食品和饲料厂	2/5	—
1986	CHN	有机	集尘器	纺织厂	5/15	摩擦火花

续表

年份	国家	材料	涉及的设备	工业类型	死/伤	点火源
1986	US	木材	焚烧炉、丙烷加热器	"烟味"食品调味料制造商	4/0	火焰和直接热
1987	CHN	煤	作业面	冶炼厂	3/1	动火作业
1987	CHN	食品	—	食品和饲料厂	0/1	—
1987	CHN	有机	除尘系统	纺织厂	58/177	静电
1987	CHN	食品			0/1	
1987	US	金属	磨床，铝熔丝辊	涂装、雕刻及相关服务	5/1	—
1988	CHN	煤	作业面，通风	煤矿	26/3	动火作业
1989	US	金属	除尘系统，磨床/抛光机	金属制品厂	2/1	动火作业
1989	US	木材	2400型多轴面板槽刨 s/n2984-87	木制品加工厂	2/0	热表面
1990	CHN	煤	雷管，巷道	煤矿	12/4	—
1990	JPN	有机	仓库	化工厂	9/17	—
1990	US	金属	镁配料斗	化工厂	1/2	冲击火花
1991	CHN	煤	巷道，线缆	煤矿	29/14	电火花
1991	CHN	煤	作业面	煤矿	35/1	动火作业
1991	CHN	煤	作业面	煤矿	16/7	动火作业
1991	US	无机	制粒机	制药	1/1	—
1991	US	木材	传送带	木制品加工厂	2/1	—
1991	US	金属	压力机，乙炔炬	塑料制品工厂	2/0	火焰和直接热
1992	JPN	金属	混合操作	烟花制造厂	3/58	摩擦火花
1992	CA	煤	—	煤矿	26/0	火焰和直接热
1992	US	木材	集尘系统	木制品加工厂	2/0	—
1993	CHN	煤	巷道	煤矿	40/4	动火作业
1993	US	塑料橡胶	丙炔和丙二烯混合物等离子机械化割炬空气电弧计，混合槽	塑料制品工厂	2/2	电火花
1993	US	食品	—	食品和饲料厂	9/0	火焰和直接热
1994	CHN	煤	煤巷	煤矿	79/129	摩擦火花
1994	US	煤	汽轮发电机料斗	供电	22/0	火焰和直接热
1994	US	有机	金属粉尘	金属制品厂	6/1	摩擦火花
1994	US	木材	卤素灯，集尘系统	设备支持服务	2/0	热表面
1996	US	塑料橡胶	混合提包	汽车刹车片和衬里制造商	1/0	—
1997	JPN	金属	袋式除尘器收尘装置		1/1	—
1997	FR	食品	仓库	筒仓/提升机/仓库	11/1	冲击火花
1997	US	有机	集尘系统，焊接设备	汽车零部件及估价	5/0	—
1998	US	煤	卸料器，真空	供电	17/0	—
1998	US	塑料橡胶	集尘器，空调管道	运动器材制造商	16/0	—
1999	US	煤	锅炉	电站	30/6	火焰和直接热
1999	US	塑料橡胶	炉，集尘系统	灰瓦和管道瓦铸造厂	9/3	火焰和直接热

年份	国家	材料	涉及的设备	工业类型	死/伤	点火源
1999	US	木材	筒仓	木制品加工厂	4/0	—
1999	US	塑料橡胶	研磨塑料颗粒的机器	塑料制造	2/0	动火作业
2000	CHN	木材	除尘设备	木制品加工厂	4/7	—
2000	US	食品	—	食品和饲料厂	3/0	动火作业
2001	CHN	煤	巷道	煤矿	17/23	—
2001	IT	有机	仓库	羊毛工厂	3/5	电火花
2001	CHN	木材	通风系统	木制品加工	0/6	静电
2001	CHN	有机	筒仓	食品和饲料厂	1/7	自热和阴燃
2001	US	木材	—	木制品加工	10/3	—
2001	US	无机	锯，吸尘器	火箭推进剂/马达制造厂	3/1	动火作业
2001	US	金属	集尘器	金属制品厂	2/0	—
2002	CHN	食品	搅拌器	食品和饲料厂	0/8	—
2002	CHN	木材	—	—	—	火焰和直接热
2002	CHN	食品	—	食品和饲料厂	6/12	—
2002	CHN	煤	—	煤矿	9/14	—
2002	CHN	食品	车间	维护	0/17	动火作业
2002	US	塑料橡胶	轮胎箱	轮胎回收	13/0	—
2003	CHN	煤	—	煤矿	3/0	—
2003	US	塑料橡胶	研磨设备	机械	38/6	—
2003	US	木材	—	橡胶制品	2/0	—
2003	US	塑料橡胶	炉	—	37/7	—
2003	US	木材	—	—	9/2	—
2004	CHN	煤	煤巷	—	2/16	—
2004	UK	塑料橡胶	LPG 罐	煤矿	9/33	火焰和直接热
2004	US	木材	—	塑料制品工厂	2/0	—
2004	US	木材	集尘系统	—	3/0	冲击火花
2004	US	食品	袋式除尘器	豆腐制造	16/1	—
2005	CHN	煤	地下煤箱	煤矿	171/0	—
2006	CHN	煤	—	—	0/7	—
2006	CHN	煤	—	采煤	14/0	—
2007	CHN	木材	输送机	木头皮制造商	4/5	—
2007	CHN	食品	车间，粉碎机	水稻加工厂	—	热表面
2007	CHN	食品	料斗	饲料加工	0/5	自热和阴燃
2007	CHN	木材	包装车间	木制品加工	1/1	电火花
2007	CHN	煤	—	采煤	31/0	—
2008	CHN	食品	—	淀粉厂/糖厂	0/12	—
2008	CHN	金属	集尘系统	金属加工	0/10	电火花
2009	CHN	金属	车间	铝产品制造商	11/20	自热和阴燃
2009	CHN	木材	—	木制品加工厂	0/8	—

续表

年份	国家	材料	涉及的设备	工业类型	死/伤	点火源
2009	CHN	无机	集尘系统	化学制剂	0/2	—
2010	US	金属	筒仓	钛厂	3/0	
2010	CHN	金属	粉尘沉降室	金属抛光	2/6	冲击火花
2010	US	煤	煤巷	煤矿	29/2	火焰和直接热
2011	US	金属	管道，熔炉	铁粉厂	3/2	冲击火花
2011	CHN	金属	抛光车间	铝制品加工厂	5/1	火焰和直接热
2012	CHN	金属	抛光车间	金属抛光厂	13/16	电火花
2012	CHN	金属	抛光车间	供应商工厂	0/59	—
2012	CHN	煤	—	煤矿	6/0	—